図解でよくわかる

トマトつくり極意

作業の基本とコツ

若梅健司 著

育苗ハウス

中抜きで徒長を防ぐ

フタ

農文協

トマトつくり極意●目次

第4章 定植から収穫まで編

第5章 病害虫・障害対策編

第6章 品種編

写真　依田恭司郎／赤松富仁（＊編集部）

おもな掲載ページ一覧

トマトつくりキーワード

序 「桃太郎」との出会い
――トマトの立場に立つとみえてきた

私は、千葉県で昭和二十一年からトマト栽培をしている。

私がトマト栽培の基本を見直すきっかけとなったのが、みなさんもよくご存知の「桃太郎」というトマトとの出会いである。

まだ私が「サターン」「フローラ」「麗玉」という品種を栽培していた昭和五十九年、タキイ種苗の「桃太郎」が当地で話題となっていた。

当時をよく覚えているが、タキイさんの営業の方が来て「このトマトは最初に強く暴走し、後半はスタミナ切れで弱ってしまい、つくりづらく、今までの品種の七割程度の収量になる」という話だった。けれども「味はよく、特に店持ちは抜群で、収量は七割でも相場は三割高く売れる。タキイが買うわけではないので約束は

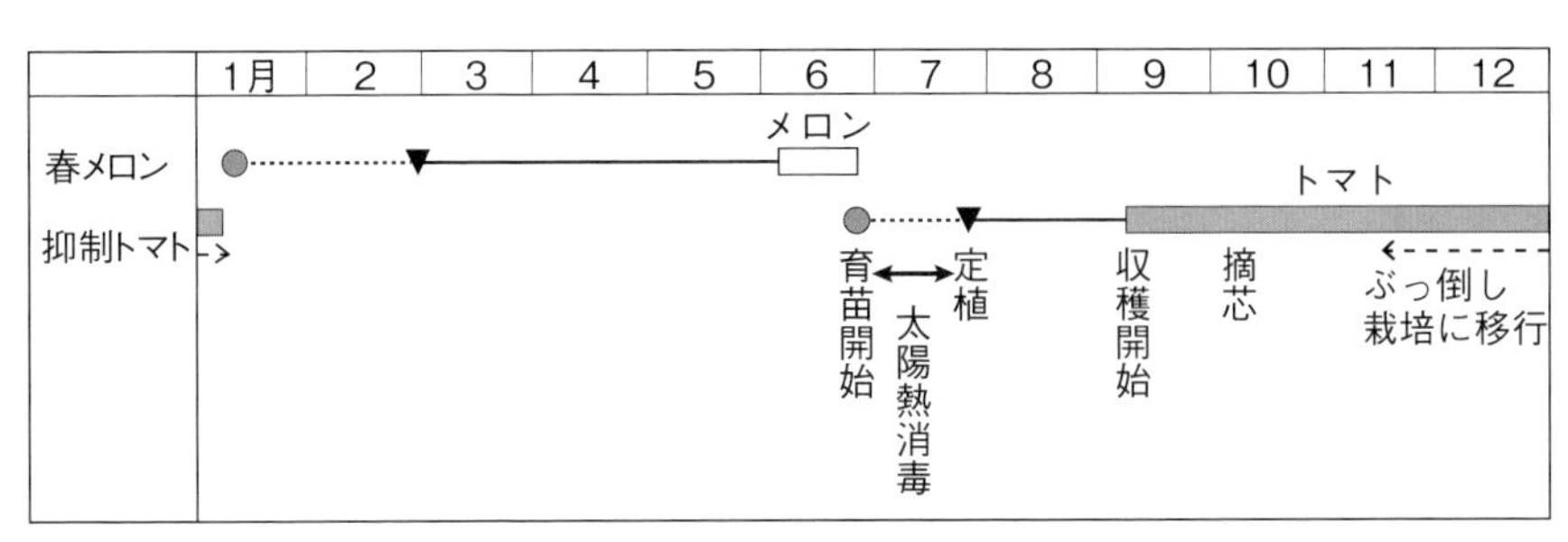

図1　私のトマト抑制作型の栽培暦

できないですが」とも付け加えた。正直ですね（笑）。

桃太郎が正式に発表された翌年昭和六十年、私も桃太郎をメロン後の抑制栽培に導入してみると、確かにつくりづらく、異常茎という障害が多発して減収だった。しかし、赤く完熟させても玉は硬く、日もちがよかった。やわらかく日もち性の悪い品種が多かった当時のトマトのなかでは、まるで別次元の品種だった。

私は考えた。これまでは生産者のつくりやすさに重きをおいて品種を選んではいなかったか。そのため、トマト本来の生理にもとづいた技術の追究、蓄積がおざなりになってきたのではないだろうか。この桃太郎は、暴走タイプのじゃじゃ馬なるがゆえに、トマトが持っている本来の性格をはっきり表現している。今後、もっとつくりやすく、消費者や流通業者の要求にも応える品種が出てくるだろうが、いまこそ、トマトの基本的な栽培技術を見直すときではないだろうか。

そんな関係で、桃太郎に取り組むことになり、おかげでトマトに勉強させられ、『トマト桃太郎をつくりこなす』（絶版）を執筆するに至り、これがトマトのヒットに比例してベストセラーとなった。

筆者。1946年（昭和21年）からトマト栽培を始め、1970年（昭和45年）から地域の仲間たちと春はメロン、秋はトマトの栽培を始めたその後、異常茎の発生が少ない「ハウス桃太郎」が登場し、次々とつくりやすい「桃太郎」シリーズが発表されている。しかし、品種が替わってもトマトの栽培の基本は変わらない。それが強く出るか弱く出るかの違いだけである。

この本は、拙著『トマト　桃太郎をつくりこなす』『トマト　ダイレクトセル苗でつくりこなす』のほか、タキイ種苗㈱が発行する栽培情報誌『園芸新知識　タキイ最前線』に二〇〇九年冬春号から二〇一三年秋号まで二〇回にわたり連載した「若梅健司のトマトークー現場で見たトマトの生態」などをもとにまとめた。七〇年に及ぶトマトつくりのなかで私が見たトマトの基本、法則というものをまとめたつもりである。トマトとはこのような植物だったかと、私といっしょに驚き、楽しんでいただけたら幸いである。

二〇一七年二月

若梅健司

第1章
栽培を始めるにあたって 編

どこでつまづきやすいか？

山場は三段開花のころ

トマトを栽培する場合、雨よけ（夏秋）や半促成、抑制、促成など作型はいろいろあるが、いずれにおいても三段（第三果房）開花のころの草勢管理で失敗しやすい。三段開花のころは一段目の果実が肥大し始めるころであり、抑制栽培では定植一カ月前後にあたる（図1―1）。

ご存じのようにトマトは、茎や葉が伸びる栄養生長と、花や果実が育つ生殖生長が長期間、同時に進む。茎葉ばかり茂らせても果実はとれないし、果実ばかり成らせても樹がもたない。収量をとるには、栄養生長と生殖生長の両方のバランスを保つ必要があるが、定植一カ月前後はこのバランスを崩しやすい時期である。

暴れたかと思えば、いきなり弱る

トマトの定植一カ月までは果実の負担がまだ少ないので、栄養生長が過剰になりやすい。すると、花がつきにくく、咲いても実がつかずに落ちてしまう。果実がつかないと果実の負担がかからないので、さらに樹が暴走してしまう。「異常茎」といって茎が太くなり、芯（生長点）の生育が止まってしまうこともある。

また、トマトは未熟果をとるキュウリやピーマンなどと違って熟した果実をとるため、樹の負担も大きい。果実が成り始め、負担が急に増えるころに追肥のタイミングを見誤ると、今度は生殖生長が過剰になり、「スタミナ切れ」で茎が細く、葉が小さくなったりして、花や果実がつきにくくなったりする。

厄介なことに、この茎葉と果実のバランスは、定植一カ月にとれずに、いったん崩してしまうとなかなか回復はしない。あとになって肥料や水で調整しようとしてもなかなかコントロールできない。最終的にトマトの収量は減ってしまう。定植一カ月前後で失敗すると、取り返しがつかなくなる。

言いかえれば、定植一カ月さえ乗り

切れさえすれば、あとは強めの樹勢を保てばよく、安定した生育にのせることができる。

定植一カ月までに根を深く張らせる

トマトは定植一カ月まで生育を抑えないと暴走する。しかしそれを抑えようとすると衰弱する。トマトのこの性格は浅根によるところが大きく、生育を安定させるには、定植一カ月までに根を下層に深く張らせることだと私は考えている。

一般に定植後は活着促進に株元に少しずつ一株一株かん水しろといわれている。それが一般に行なわれている方法でもある。しかし、それでは水がいつまでも株元周辺だけに偏ってしまい、上根だけを張らせてしまうことになる。この上根がトマトを暴走させたり、衰弱させたりすることにつながっていると私はみる。

地下に水を貯金しておき、しおれ活着させる

そこで私はベッドをつくる前に、ドボドボとハウスに入れないくらいに水をかける。水を地下に貯金（貯蓄）しておけば、根はその水を求めて深く張ることができるし、水分の安定した補給ができるという考えである。

定植直後は葉水程度にかけ、その後は下葉がしおれても生長点がしおれなければかん水は我慢する。そして根が伸びてくれれば、茎葉はしおれても生長点が伸びてくる（「しおれ活着」82ページ）。数日すると日中もしおれなくなり、葉つゆを持つようになれば、完全活着である。こうなれば三段開花までいっさい水はやらない。これでさらに根を深く張らせる。生育後半もスタミナ切れすることがない。

近年育種が進み、品種改良されてきたことによって、三段開花前に少量かん水しても異常茎は出ず着果する、と種苗メーカーなどは言っている。しかし、高温期で生育の早い抑制栽培は特に暴走しやすいので、三段開花までかん水は我慢し、しおれ活着させることが不変のポイントだと思う。

これが桃太郎をつくりこなすなかで私がつかんだトマト栽培の基本骨格である。

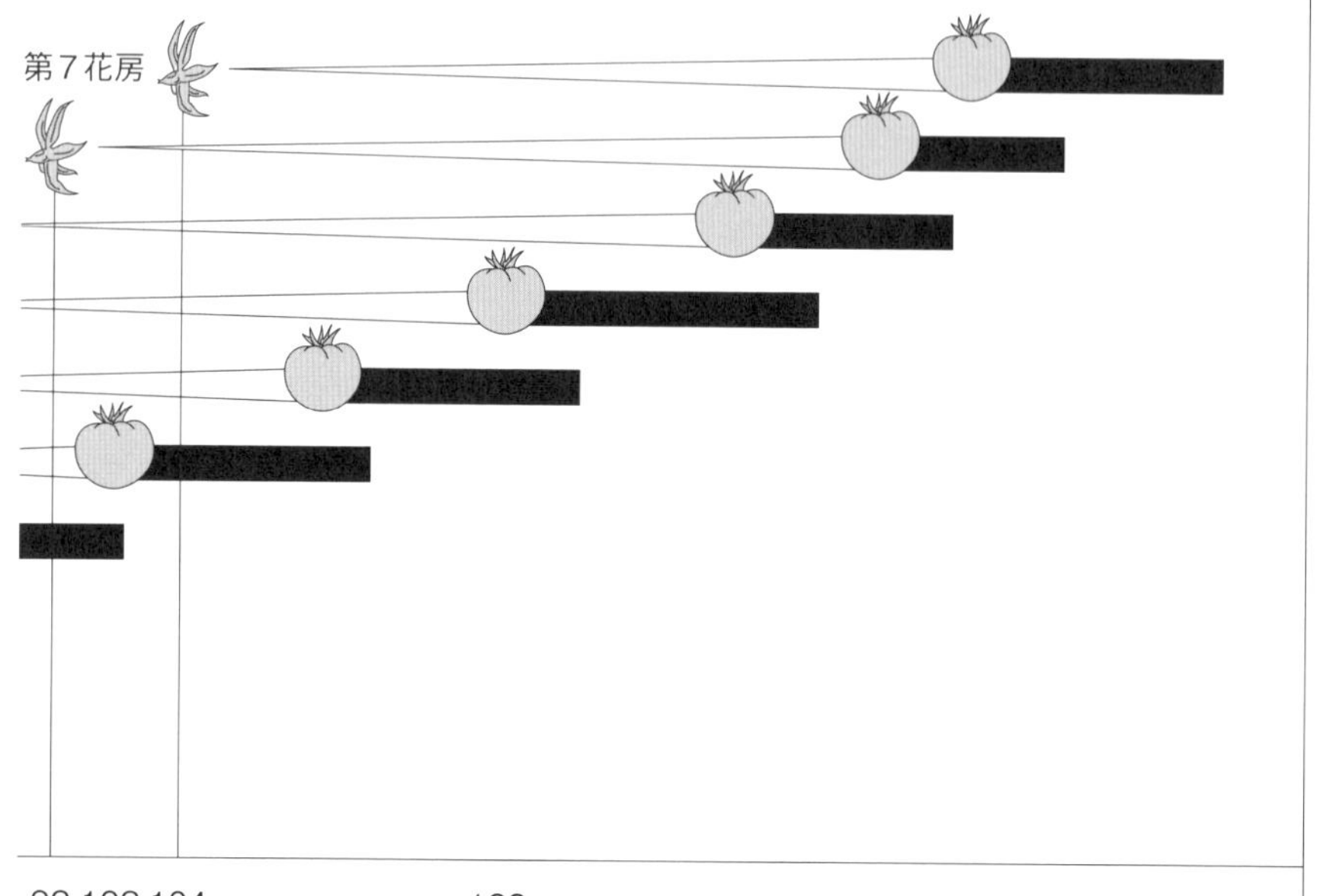

10
11
12
1
上
中
下
第7花房
92
102
104
133
204
第6段ホルモン処理
摘芯
第7段ホルモン処理
ぶっ倒し
収穫終了
スタミナ維持どころ
勝負どころでタイミングが遅れたり、
早すぎたりしなければ、あとは
草勢を強めにもっていけばいい

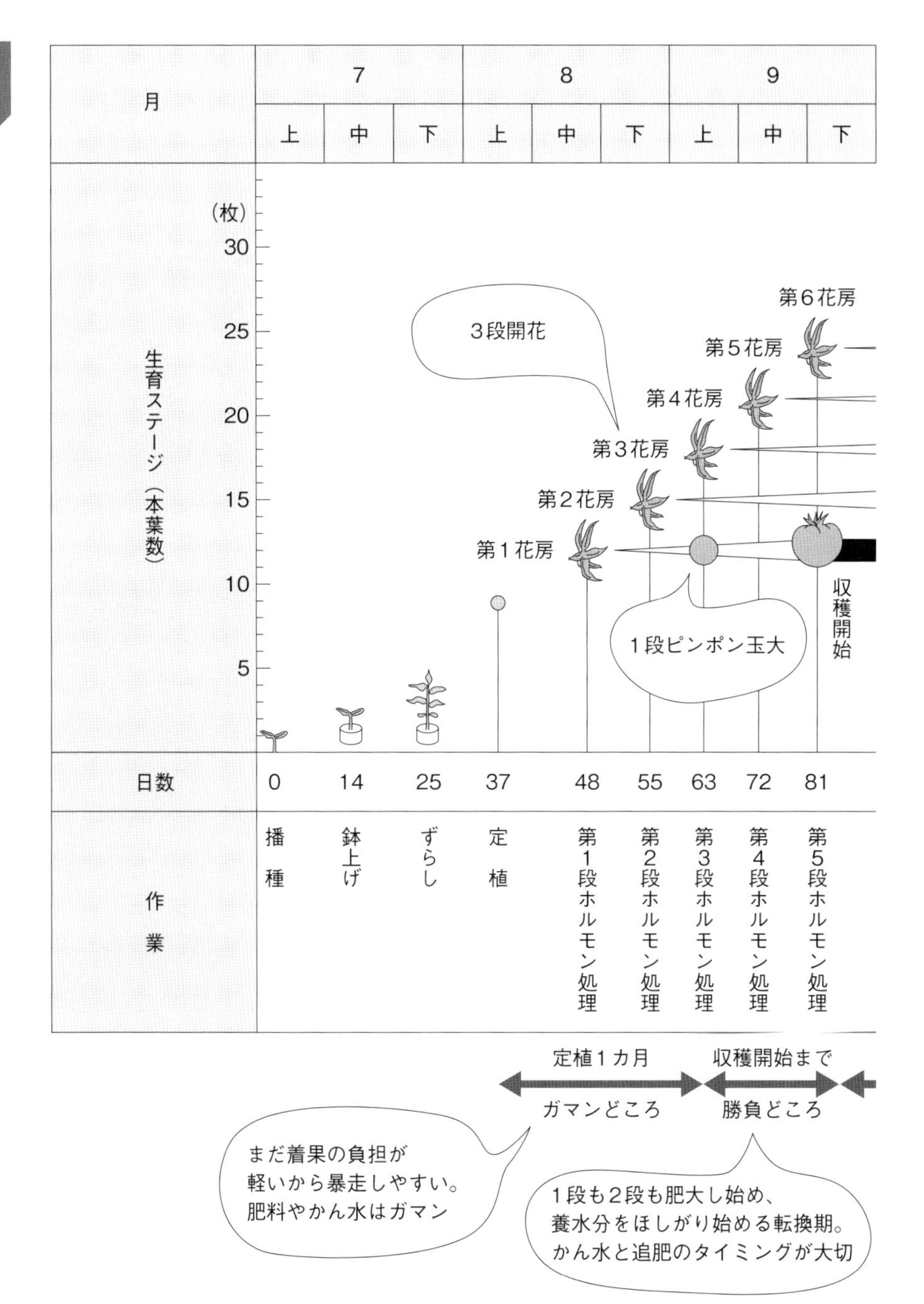

図1－1　トマト（抑制作型）の生育例

つくりやすいのはいつ？

光を好み、蒸し暑い夏を嫌う

トマトの原産地は、ペルー、エクアドルなど南アメリカの熱帯、亜熱帯地方の標高二〇〇〇～三〇〇〇mの高冷地といわれている。そのため、強い光をほしがりながらも、比較的涼しくて昼夜の温度差が大きいところを好み、多湿を嫌うという性質を持つ。

日本の夏は蒸し暑いため、夏越しが可能な高冷地を除いて、盛夏期を避けた作型が発達してきた（図1―2）。

低温期に植えて盛夏を迎える前に収穫を終える半促成をはじめ、高冷地で夏を越して収穫する夏秋、暑い夏に植えて涼しい時期に収穫する抑制、夏を過ぎてから植えて盛夏までに収穫を終える促成まである。産地によっても異なるが、それぞれに日照、気温条件などによって特徴がある（図1―3～5）。

抑制栽培

▼過繁茂になりやすく、あとでバテやすい

五～六月に播種、七～八月に定植し、九月から十一ころ月まで収穫する。

特に抑制作は、生育期が高温で生育スピードが速くなる。播種して九〇日で収穫が始まる。そのぶんだけ、根の充実する期間が短く、過繁茂による異常茎や後半のスタミナ切れが発生しやすくなり、コントロールが難しい作型である。生育前半は気温が高いので、コンスタントに水を送らないと尻腐れ果が多発しやすい。「しめづくり」に代表される半促成（促成）栽培のような高糖度トマト生産などの栽培法はきわめて難しい。

私の住む千葉県九十九里沿岸は、抑制栽培の一大産地だ。私たちが栽培を始めて四五年が過ぎ、その間、皆でさまざまな研究、試験を重ねてきた。

抑制栽培で絵に描いたようなトマトをつくりたいと挑戦し続けているが、いまだに究極をつかむことはできない。

夏秋栽培（雨よけ栽培）

▼生育が急ぎ足になって息切れしやすい

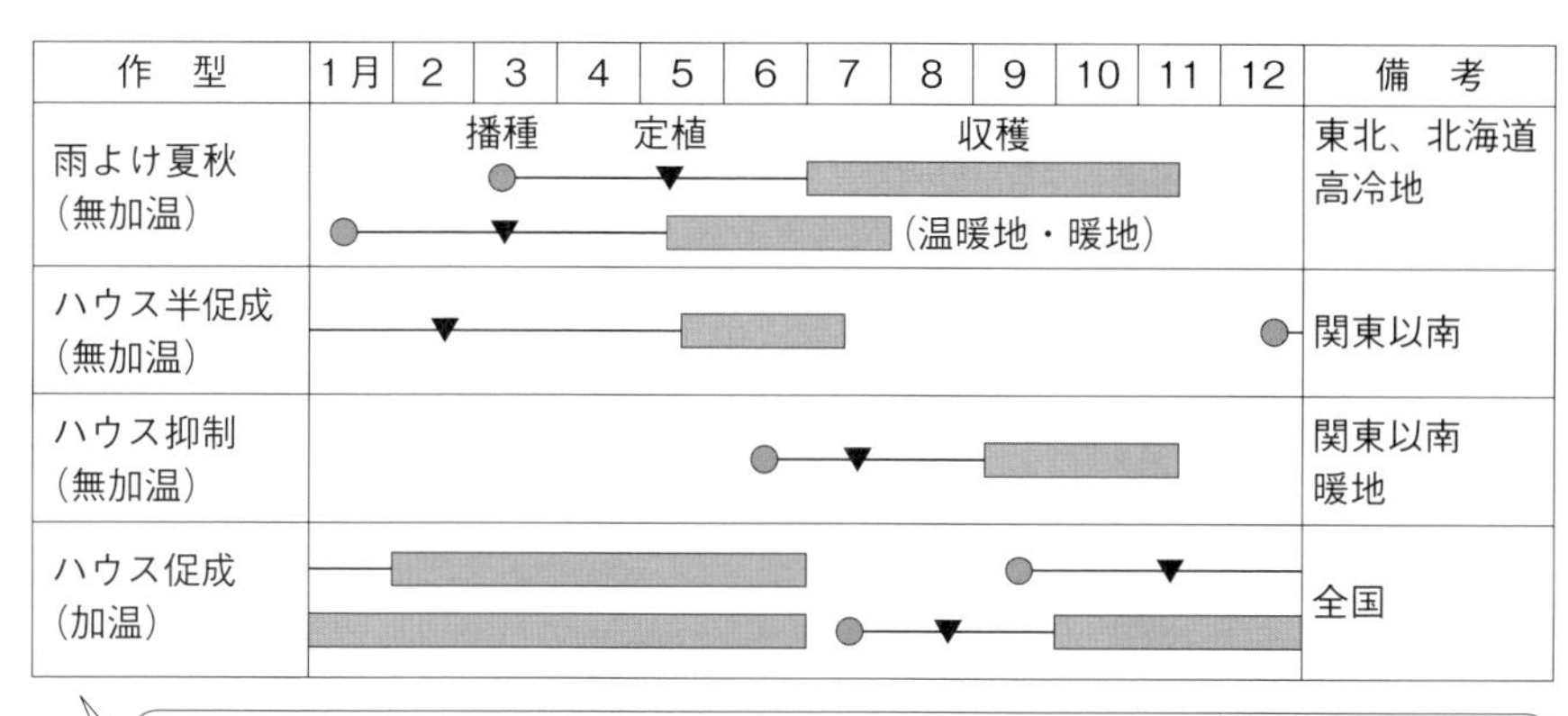

図1－2　トマトの作型例

早いと二月中下旬に播種し、六月中旬から十一月の霜の降りるころまで出荷する。特に高冷地、東北地方に多くつくられている作型である。

低温期の定植なので肥料も生育に合わせて分解され、地上部の初期生育もゆっくりとれ、根も充実して張れるので異常茎の発生は少ない。樹は素直に伸びる。

しかし育苗期が低温なので、低温管理すると花数、花質が悪くなる。生育の中心は高温期で生育が早く進むので、スタミナ不足とならないように追肥、かん水を早め早めにやったほうがよい。強い日差しを受けると裂果もしやすい。梅雨期にかかるので病気の発生も多い作型である。

促成・半促成

▼光が弱い前半に地上部が徒長しやすい

十二月ころに播種、二月から三月ころに定植し、四月から七月ころまで収穫するのが半促成（無加温）。春トマトとも呼ばれる。育苗期の低温管理に注意が必要だが、生育にしたがって気候がよくなるので育てやすい。

九月ころに播種、十一月ころに定植し、二月から六月くらいまで収穫するのが促成栽培（加温）。越冬トマトとも呼ばれる。地温、気温が低いので生育がゆっくり進み、異常茎になりにくい。ただし光が弱い時期でもあるので前半の地上部がやわらかく伸びやすい。それでは冬場を乗り切れないので、定植一カ月に地温を上げる工夫をして根を深く張らせることがポイントだ。

抑制（7月始め播き）が
いちばん生育スピードが
速い！
夏秋
（4月下旬播き）
促成（9月播き）
の生育は
ゆっくり
花房開花
8
7
6
5
4
3
2
1
抑制収穫開始
夏秋収穫開始
促成収穫開始
10 20 30 40 50 60 70 80 90 100 110 120 130 140 150 160 170
日数

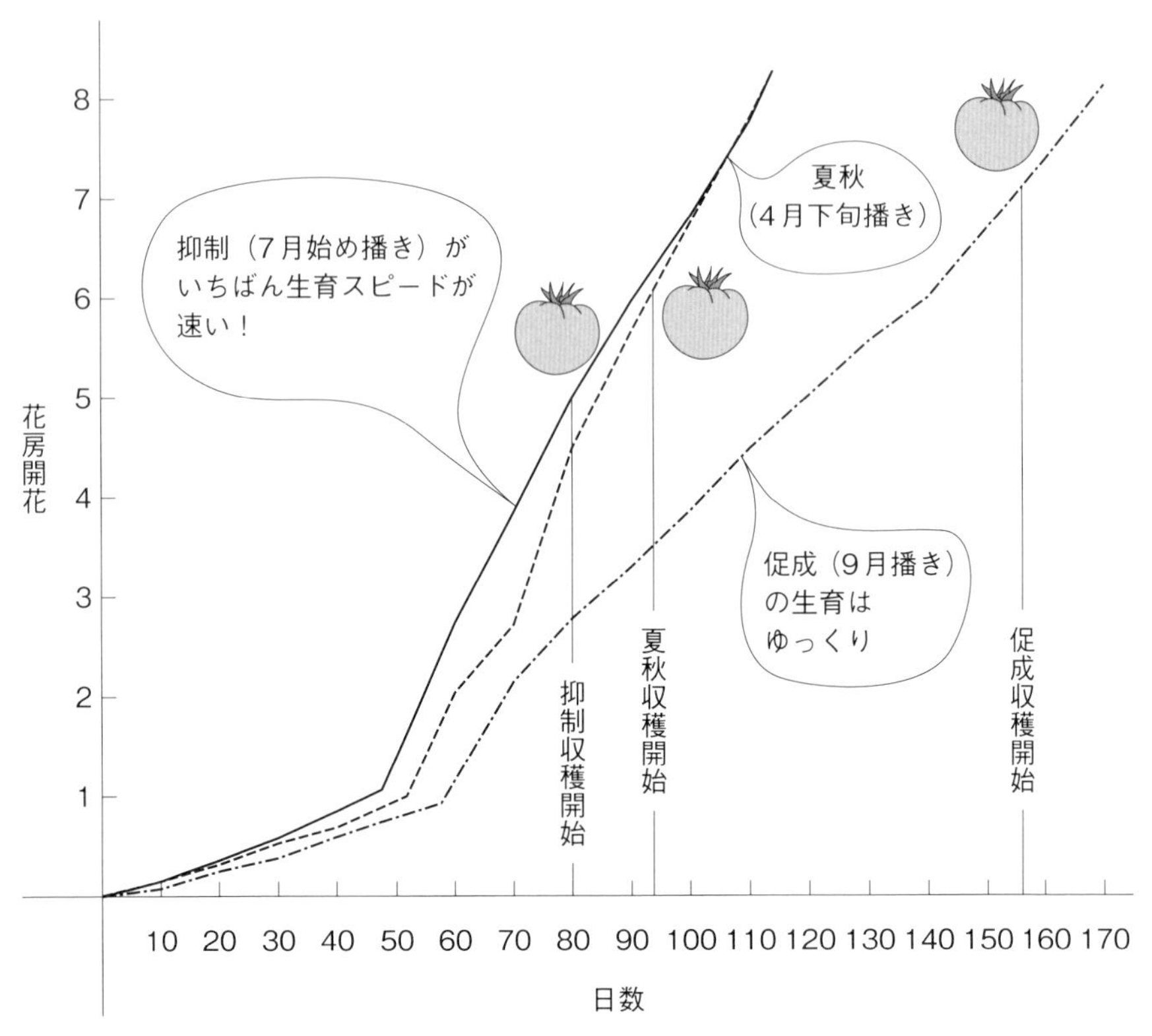

図1－3　作型別の生育速度の例

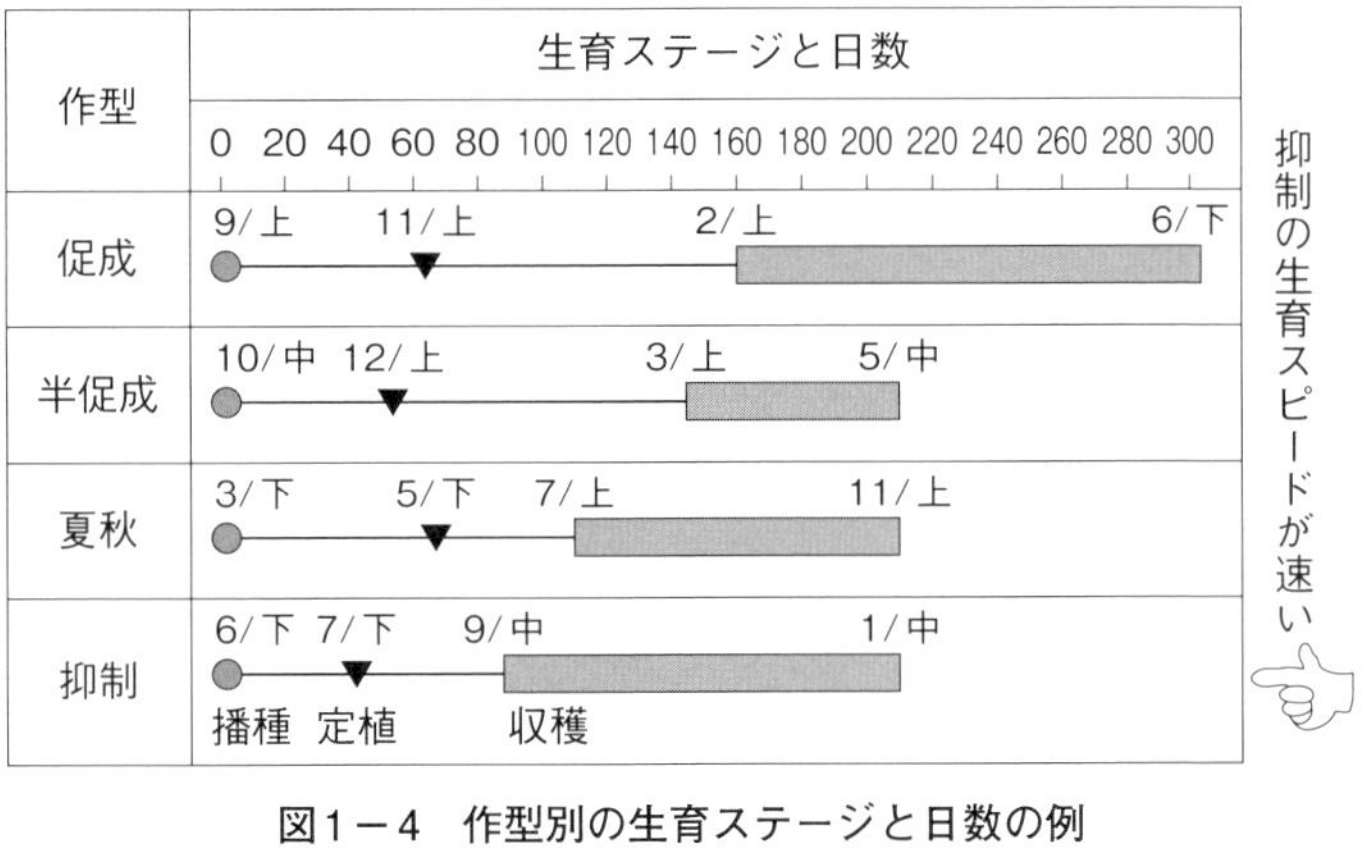

作型
生育ステージと日数
0 20 40 60 80 100 120 140 160 180 200 220 240 260 280 300
促成
9/上 11/上 2/上 6/下
半促成
10/中 12/上 3/上 5/中
夏秋
3/下 5/下 7/上 11/上
抑制
6/下 7/下 9/中 1/中
播種 定植 収穫
抑制の生育スピードが速い

図1－4　作型別の生育ステージと日数の例

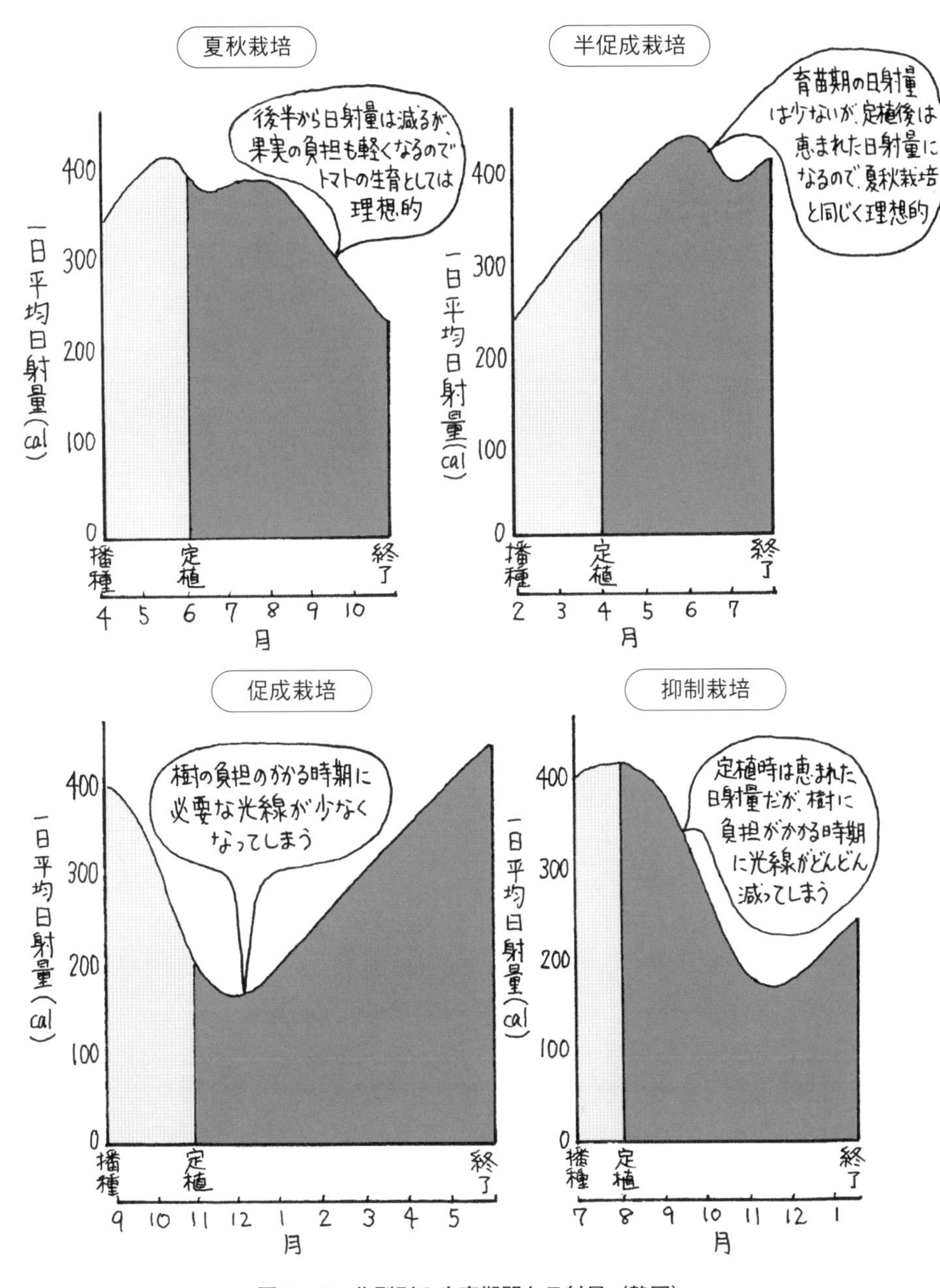

図1－5　作型別の生育期間と日射量（静岡）
（『作型を生かすトマトのつくり方』より一部加筆）

コラム

毎日の観察で見つけた！ トマトの葉の法則性

私は、トマトが活着し、側枝が発生、草勢が出てくるころ、朝夕の観察が楽しみである。このころは一日の変化が早いからである。観察を続けるうち、トマトの葉に、ある法則性を発見した。

葉は右回り、左回りをくり返す

トマトの葉は、葉が三枚着いて花がつくことは皆さんもご存じかと思う。その三枚の出方は九〇度ずつ、らせん状に出ると書物には書かれている。しかし私がみるに、どうも違う（図1―6）。

トマトは発芽後、まず子葉が対に一八〇度で発生する。それから、第一葉は子葉に対して右回りに九〇度で発生し、第二葉は第一葉の反対一八〇度、第三葉は九〇度と右回りで発生する。しかし花芽がついたあとは、花房の下の葉を起点に、左回りと右回りを反復しながら葉がついていく。

温度などにより右回り左回りもときとして変則的になることもある。しかしまるで細胞がよじれないように、あるいはねじれによって養水分の流れを妨げないよう、トマト自らコントロールしながら生育していく。

一段花は必ず葉が奇数枚出てつく

花芽は偶数葉の位置に形成され、その下の奇数葉の一八〇度対の位置にできる。育苗中の温度や光線、培土の硝酸態チッソ濃度などによって分化するようだ（この場合、作型や気温の影響で花芽のほうが下の位置になることもある）。

花芽分化は温度が低いほうが、光線は多いほうが早くなり、培土のチッソ量は多いほうが早く発生する。ほかの作物はチッソが少ないほうが早く花芽ができるが、トマトは逆である。

第一花房の花芽分化には温度が強く影響し、二～三月の低温時に播種する春作の場合、七葉の上で花芽がつく。それが、六月播種の抑制栽培では平年で一一葉、高温の年は一三葉の上で花芽がつく。

トマトは果房間の葉が四枚きたら自身で三枚に戻す

花房と花房のあいだの葉は原則三枚だが、あまりにも草勢が強いときや、温度の変化の大きいときは四枚となることもある。するとその上位段では二枚となる場合もある。

このようなこともトマト自体でコントロールしていると私はみる。本当にトマトはかしこい植物である。

トマトにも大玉トマト、中玉、ミニ、調理用、または中国系（段飛びヨーズ）などさまざまであるが、共通の生育をするように感じる。トマトにはトマトの法則、鉄則がある。

水分や温度などの環境が悪いといっても、トマト自身では移動できない。人間はアツイアツイと言って圃場から逃げ出すことができるが、トマトはできない。植物は自分で脱出できない。そんな関係で、いろいろと障害を受けやすくなっている。

人間が住みづらいところはトマトも住みづらいだろう。そこでトマトの生理・生態をよく知っておく必要がある。自然界は磁気や気圧など多様な現象に見舞われる。農業は自然が相手のため、まだまだ未知な部分が多くある。トマトのことはトマトに聞いてみないとわからない。それだけに楽しいと思う。

このような見方がわかったからといって、すぐに収量が上がるわけでもないが、日々観察することが楽しくなってくる。

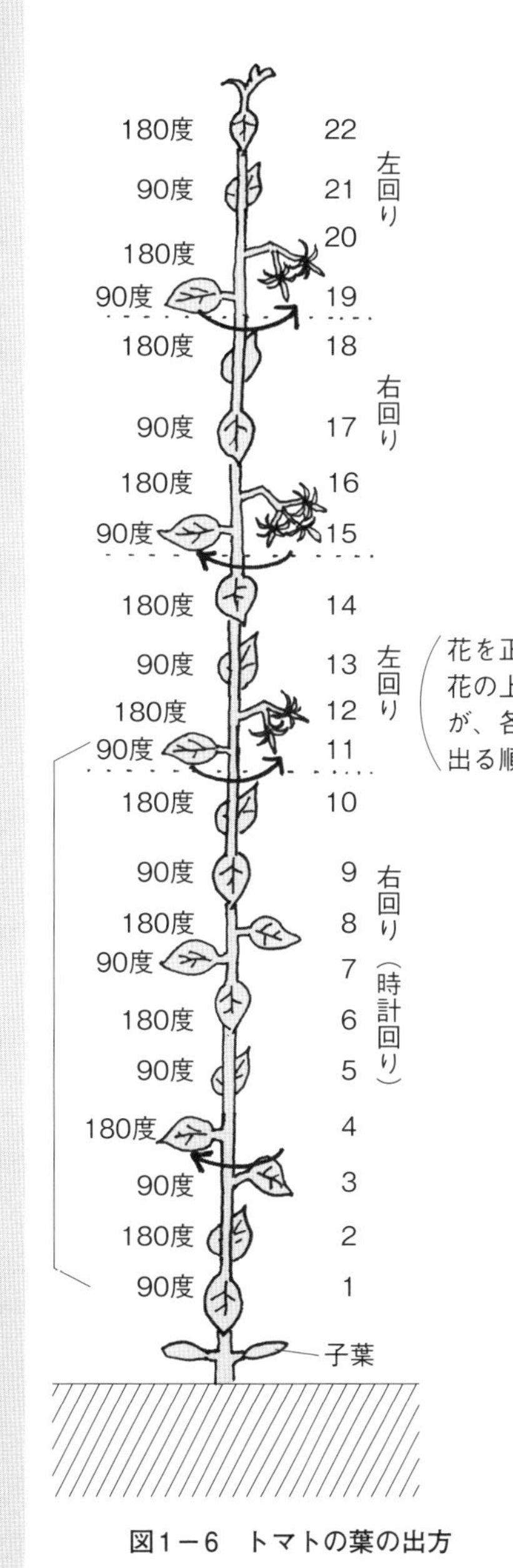

花を正面から見た場合花の上の2枚の葉の出方が、各花房ごとに左右に出る順序が入れ替わる

図1－6　トマトの葉の出方

第2章 育苗編

ポット育苗か、セル育苗か？

トマトの好むバランスがとりやすいのはポット苗

一昔、二昔前といちばん変わったこと、進歩したのは育苗だと思う。

しかし育苗の目的、トマトの生理生態は変わってはいない。いかにしたらトマトの好む、栄養生長と生殖生長のバランスのとれた苗をつくるかである。

昔から「苗半作七分作」といわれている。育苗のときから理想的な収穫期の生育の姿を想定して理想的苗に育てることが、高品質・安定多収を実現する根幹である。

大きめのポットに鉢上げして、花芽分化、花蕾の確認、作型によっては一、二花開花してから植える。これが最高の育苗である（図2―1）。先人の技術はすばらしい。

人間の都合がいいのはセル苗

それが今、なぜセル苗なのか。

これは人間が勝手に、省力、省資材、育苗コストを下げるために考えた技術である。たしかに、セル苗は培土が少なくてすみ、育苗期間も短く、定植労力もかからない。人間の都合に合わせたセル苗だが、もはやその流れを変えることはできない。

セル苗を用いて、かつてのような生育を実現するための苗つくりが課題である（24ページ参照）。私が二〇〇一年にまとめた単行本『トマト・ダイレクト、セル苗でつくりこなす』（農文協）もそれがねらいであった。

セル苗は強い根が張るが、暴れやすい

どんな植物でも「若苗強勢」という力を持っている。葉数の少ない若い苗ほど強い根が張り、強勢になるという性質である。花や葉菜類などは、これが長所となるが、ことトマトではいいところもあれば悪いところもある。セル苗は強く育つので、生育後半までスタミナが持続して、ポット苗以上に収量も品質もアップさせることができる。しかし強すぎるとマイナス面も多

セル苗

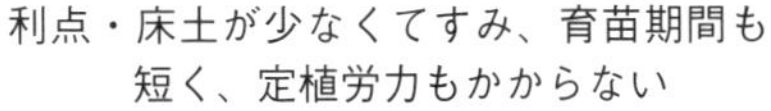

利点・床土が少なくてすみ、育苗期間も短く、定植労力もかからない
・根が強く、生育後半までバテない
欠点・草勢が強くなりすぎて、過繁茂や異常茎になりやすい
・葉齢が若いぶん、ポット苗と同じ時期から収穫するためには、早く植えなければならない
・着花がバラつく
・センチュウに弱い

利点・開花してから植えれば、栄養生長と生殖生長のバランスがとれているので、暴れることなく安心
欠点・床土がたくさん必要
・苗が重い

図2－1　セル苗とポット苗の利点と欠点

い。

まず草勢が強くなりすぎて、過繁茂や異常茎が発生しやすい。ポット苗と比べると葉齢が若い状態で植えるため、ポット苗と同じ時期から収穫するためには早く植えなければならない。また、花「オサマリ」が悪く（花落ち部分が大きく）、奇型果の発生、品種によっては、二次肥大「でべそ」になりやすい。またネマトーダ（センチュウ）に冒されやすい。

そこで私は老化ぎみに苗を仕立てる。つまり、ポット苗と同じくらい育苗期間をとるのである。トレイから苗を抜いてベッドに投げても根崩れしない程度まで我慢する（くわしくは24ページ）。

セル苗の直接定植で暴れさせないためには？

育苗はじっくり トレイから簡単に抜けるまで置く

先述したように、セル苗は若苗強勢という性質を持つため、その勢いが強すぎると、異常茎や奇形果が心配される。それを防ぐには、育苗期間を十分にとって熟苗（老化ぎみ）にして、花芽分化を促し、おとなしくしてから植えればよい（図2―2）。

ここで、なかには、セル苗のこのような暴走を防ぐには、二・五葉～三・五葉のセル苗をポットに移植し、ポット苗と同様に育ててから定植する、二次育苗をすれば解決するのではないかと思う人もいるだろう。

しかし、これではポット苗以上に労力も経費もかかり、省力化しコスト軽減する目的は実現できなくなる。また、ポット苗より鉢上げの時期が遅くなってしまうので、セル苗の持つ若苗強勢も活かせず、ポット苗以上にスタミナがない苗になってしまう。

私はあくまで植え替えせずに直接定

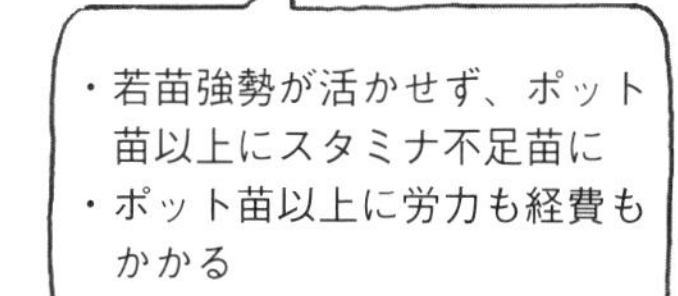

図2－2　セル苗の直接定植と二次育苗

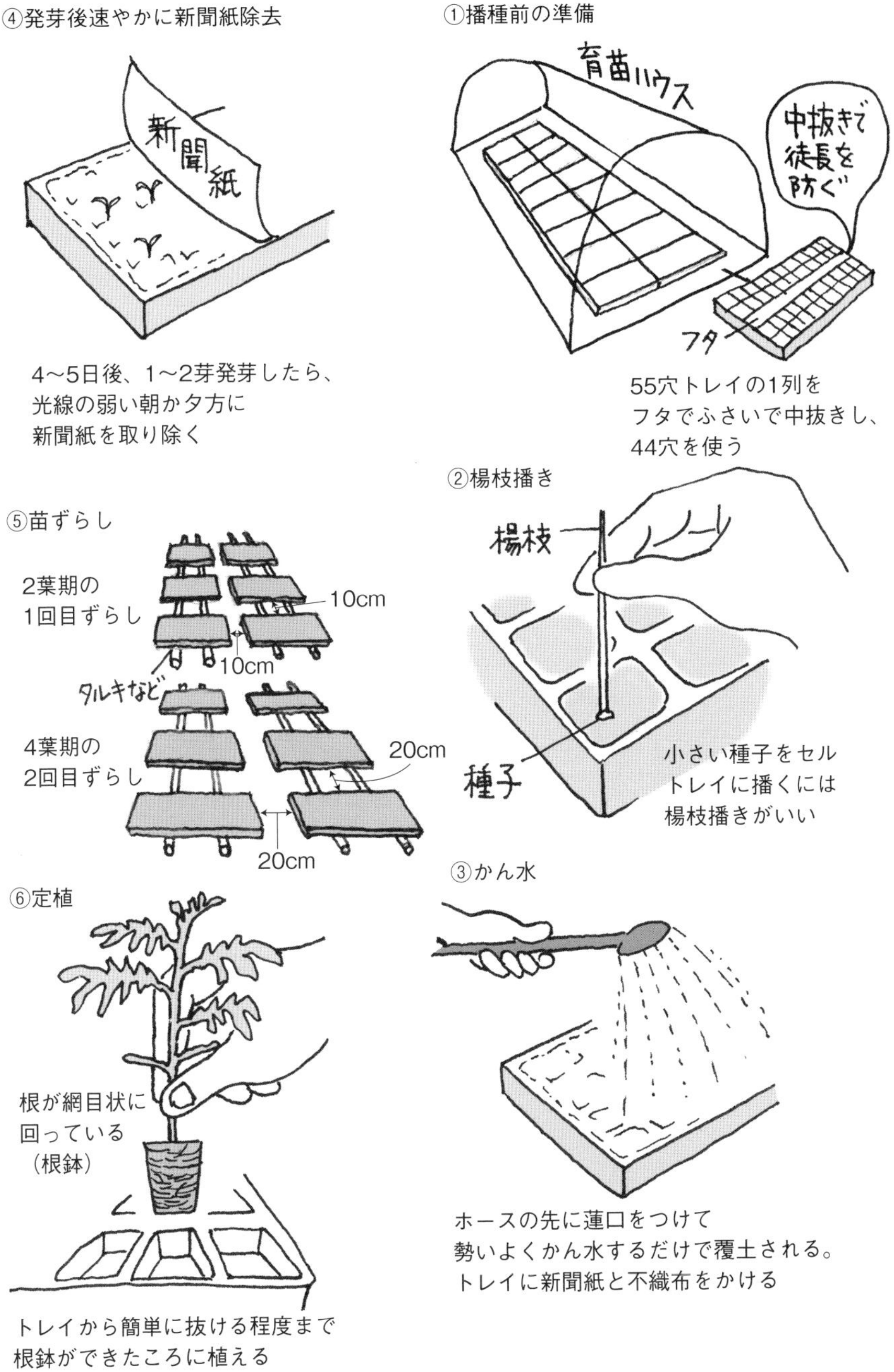

①播種前の準備

育苗ハウス

中抜きで徒長を防ぐ

フタ

55穴トレイの1列を
フタでふさいで中抜きし、
44穴を使う

②楊枝播き

楊枝

種子

小さい種子をセル
トレイに播くには
楊枝播きがいい

③かん水

ホースの先に蓮口をつけて
勢いよくかん水するだけで覆土される。
トレイに新聞紙と不織布をかける

④発芽後速やかに新聞紙除去

新聞紙

4〜5日後、1〜2芽発芽したら、
光線の弱い朝か夕方に
新聞紙を取り除く

⑤苗ずらし

2葉期の
1回目ずらし

10cm

10cm

タルキなど

4葉期の
2回目ずらし

20cm

20cm

⑥定植

根が網目状に
回っている
（根鉢）

トレイから簡単に抜ける程度まで
根鉢ができたころに植える

図2−3　セル苗の直接定植で暴れさせない育苗方法の流れ（ダイレクトセル苗）

植し、かつ若苗強勢を活かしたい。それには育苗期間を十分にとり、熟苗にしてから植えるのがよいのである。私はこの育苗法を「ダイレクトセル苗」と名づけ、私の地域では九五％以上がこの方法で定植している。以下に、そのやり方を紹介しよう（図2—3）。

五五穴トレイで 四～五葉の花芽分化苗に

▼播種前の準備

五五穴トレイを水稲育苗箱に入れ、うち中央一列はフタでふさいで中抜きし、四四穴を使用する（写真2—1）。穴には一ℓ当たりチッソ二〇〇mg・リン酸五〇〇mg・カリ二〇〇mgくらいの成分量で排水・保水性のよい培土を詰め、トレイ下の穴から水が出るまで十分にかん水する。

▼楊枝播き

種子を手のひらにのせ、ぬらした楊枝を逆さに持って先に一粒ずつ付着させ、トレイ穴の各ブロックに播く。

このとき、二粒ついても補植用にそのまま播種する。深さは、あまり深いと発芽が悪く揃わないので、楊枝の頭にある溝の一つ目と二つ目の間、三～五mmくらいまで挿し込む。楊枝に種子がつきにくくなったら、トレイの土が水分不足。かん水を追加して再度作業を開始する。適湿であれば種子は楊枝の頭に吸いつき、楊枝を抜くと種子は土中に残る。

播種が終わったら覆土の必要はない。ホースの先に蓮口をつけて勢いよくかん水するだけで覆土される。そのあとはトレイの上に新聞紙を敷き、風で飛ばされないように不織布をかける。

▼発芽

抑制栽培だと四日目から発芽が始まる。一～二芽発芽を見たら新聞紙を除去するが、白化現象を防ぐため朝夕の光線の弱い時間帯に行なう。

その後は、培土が白く乾いてきたらかん水する。発芽後に欠株があれば、二粒まきの分を補植して揃える。

▼苗ずらし

発芽後五日目には一葉が出始め、一〇日後には二葉が出始めて葉が重なり合ってくる。花芽分化期の一・五～二葉期に、一回目のずらしを行なう。

五葉が出始め再び重なり合ってくるころが、二回目のずらし時期である。このころは出葉速度が鈍ってきて五葉が半分ほど出ると、草丈は多少伸びるが、それ以上はほとんど根域が制限され、葉は出なくなる。

▼定植

トレイから簡単に抜ける程度の根鉢形成がされた時点で定植する。なお、抑制栽培ではトレイでそのまま置いても、草丈は伸びても葉が展葉せず、開

写真2－1　苗の徒長を防ぐ中抜き板を並べる

花もしない。

床土はどんなものがいいか？

排水性がよくて、保水性がよいこと

育苗は床土ですべてが決まると私は思っている。

私が理想とする床土は、排水性がよくて、保水性がよいものである。なぜかというと、かん水を多くしても排水がよく、できた隙間に酸素がよく流入するので徒長しない。

私の床土は、ポット育苗のときは、松葉と落ち葉の自家製床土だった（図2―4）。十分にかん水しても重くならず、軽かった。よい床土は軽いといえる。ただ毎年一定の質の床土を自分でつくるのは労力もかかる。セル苗なら量も少なくてすむので（五五穴トレイならポットと比べて五分の一から八分の一）、セル苗を使うようになってからは市販培養土を利用している。

セル苗はポット苗よりも根域が狭く、しかもブロックに十分に根が張った根鉢にしないと定植できない。そのためには、セル苗はポット苗以上に排水性・保水性がよく、酸素がよく入る床土を選ぶことがポイントだ。

チッソが一ℓ当たり二〇〇mgくらい含まれているもの

私の培養土は、果菜類専用培土「与作」（ジェイカムアグリ）を使用している。培養土一ℓ当たりチッソ成分で二〇〇mg、リン酸五〇〇mg、カリ一五〇mgのものを使う。チッソ二〇〇mgくらい含まれているものが三〇日育苗ではちょうどよい。それよりチッソが多くなると徒長し、少ないと肥切れする。

トマトは育苗中一・五～二葉期にチッソが不足すると、花芽分化が遅れる。一般に、ほかの作物ではチッソ含量を低くすると花芽分化が起こるといわれているが、トマトはそうした他の果菜類と逆で、チッソ含量が低下すると花芽分化が遅れる。

松葉の床土

①使用する1〜2年前、松葉と落ち葉と田土を集めて積む

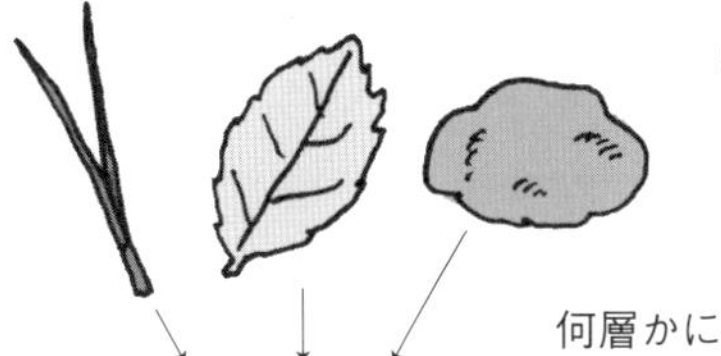

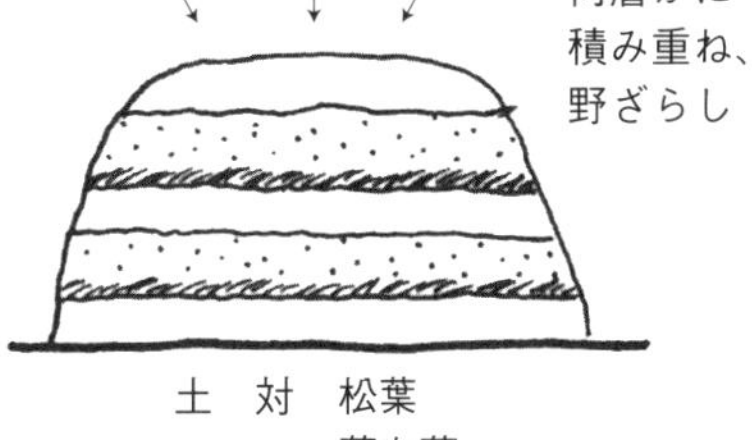

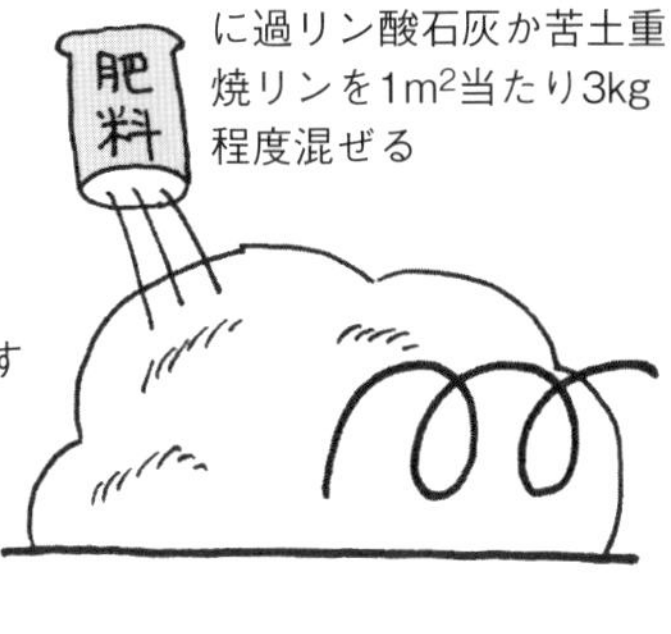

③1〜2年で完熟。見た目では松葉の原形が残っているが、触るとボロボロに崩れる

落ち葉の床土
（松葉がないとき）

広葉樹の落ち葉は腐植の進みが遅いので、2年以上寝かせる

モミガラの床土
（落ち葉もないとき）

モミガラは油粕を混ぜて2〜3年かけて腐熟させる

ピートモスの床土
（すぐ使いたいとき）

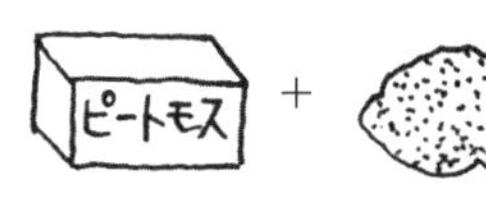

混合し、土壌消毒をして使う

図2－4　自家製床土のつくり方

育苗日数はどのくらいがいいか？

図2－5　若苗と熟苗

ポット苗は蕾が見えるころ

一般的には、若苗ほど活着もその後の樹勢もともによく、後半までスタミナが強くなる。一段の着果もよい。しかし、樹勢がつきすぎると品種によっては花落ちが大きくなりやすく、空洞果の発生も多い。また心腐れ、尻腐れも多くなる傾向になる。

育苗期間が長い熟苗は、活着にやや時間がかかるが樹勢はおとなしく、異常茎の発生は少ない。花落ちは小さく、空洞果の発生は少ないが、生殖生長ぎみになるので、低段の玉の肥大はよいが裂果しやすく、スタミナ切れが出やすい（図2―5）。

ところで、よく定植適期を、大苗、

小苗とか、育苗日数を目安に判断している人がいるが、正確には蕾の大きさ、花の開花状態で決めることが正しい。また定植適期は、作型、品種によって異なる。

ポット苗は、抑制作型の場合、播種後三〇〜三五日、花蕾の確認できる六・五葉程度で定植する。促成作型などであれば五〇日以上かかる。樹勢の強い品種は蕾が米粒の大きさになる三八〜四〇日を目安とする（図2―6）。

セル苗でも四葉以上の花芽分化苗に

セル苗であっても、目では確認できなくとも、この確実に花芽を持った苗までに育てることが、初期の暴走を抑えるうえで第一条件だと思う。

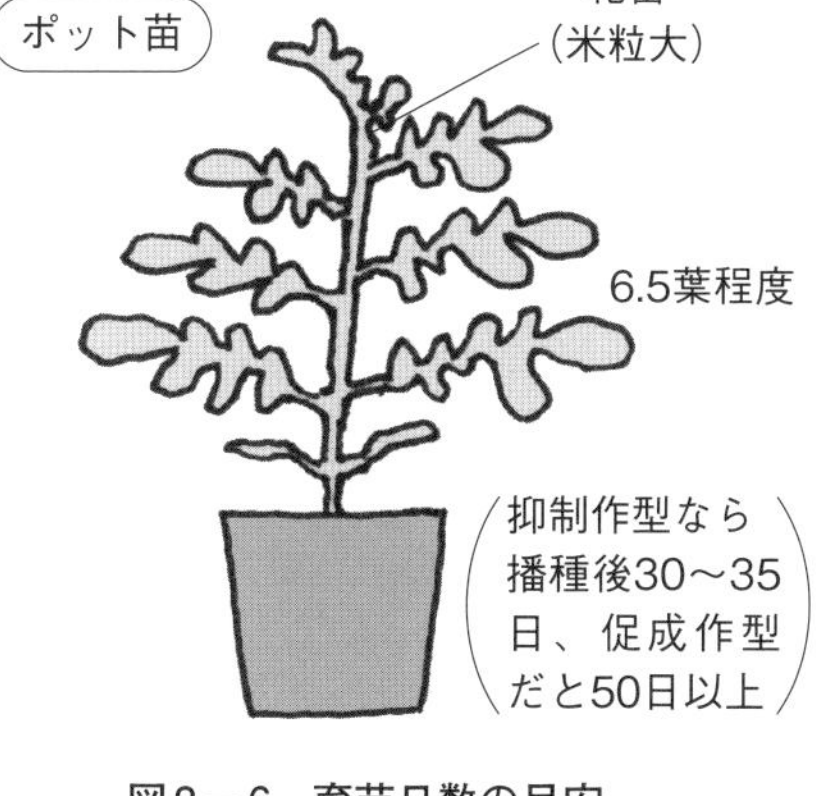

図2－6　育苗日数の目安

一般にセル苗の定植適期は、「トレイから簡単に抜けるころ」とされている。播種後二八日くらいに根鉢ができ、苗の胚軸をつかんで持ち上げると簡単に抜け、根鉢も崩れなくなるころである（これより前に定植すると、抜き取り後に根鉢が崩れ根が切れるため、活着が悪い）。しかし、私は定植後の栄養生長と生殖生長のバランスをとるために、この時期よりさらに二〜三日間多く、三〇日間くらい育苗する。

ちなみに三〇日育苗したセル苗は、四〜四・五葉の苗で、一二〜一三葉まで分化しているので、三〜四葉時に第一花房を一一葉に確実に分化させることができる。このような苗なら、定植時に着蕾は確認できないが、定植時に節水管理を徹底すれば、栄養生長と生殖生長のバランスが容易にとれ、暴走する危険が少なくなる。

セルトレイにタネをうまく播くには？

手播きより楊枝播き

ポット苗のように育苗箱に条播きするときと比べ、セルトレイ苗はブロックに一粒ずつ播種するので、播種が面倒だ。指で深さ四〜五㎜の播種穴をあけ、指で種子をつかみていねいに一粒ずつ播こうとしても二粒落ちることもある。これを取って一粒にしようとすると指先がぬれ、次に播くときに種子がくっついてさらに播きにくくなる。

私の場合、タネは楊枝播きである。トマトの種子は小さいので、一粒ずつ播いていくにはこの方法は大変便利だ。

図2―7のように、手のひらにタネを広げてほぐし、楊子の頭をぬらしてそのタネに当てると一粒ついてくる。それをトレイに、楊子のリング1と2の間（三㎜くらい）まで押し込む。楊枝を抜くとタネは穴の中に残る。これを反復くり返して播く。

楊枝へのタネのつきが悪くなってきたら、水分不足である。トレイに十分にかん水されていれば、その水分が播種のときに楊枝につくので水分不足にはなりにくいが、時間がたてば培養土も乾燥してくる。そんなときには培土に再度かん水するか、トレイの中抜き穴の水で楊子をぬらし、また作業をくり返す。ときどき二粒付着することもあるが、そのままあとで欠株の補植として使うから、気にしなくてよい。

深く挿さないこと

ポイントは深く挿さないこと。二本目の溝が見えることを目安にして深挿しにならないようにする。後述の覆土の厚さとも関係するが、人間は「三㎜」というと「五㎜」とか、どうしてもダメ押しをしてしまう。深挿ししてしまうと酸欠で発芽が大変悪くなる。一㎝も挿すと完全に腐ってしまう。

播種が終わったら覆土はせず、蓮口を使って勢いよく水道水などでかん水してやれば、適度に覆土され、よく発芽する。水の勢いの程度は写真2―2である。

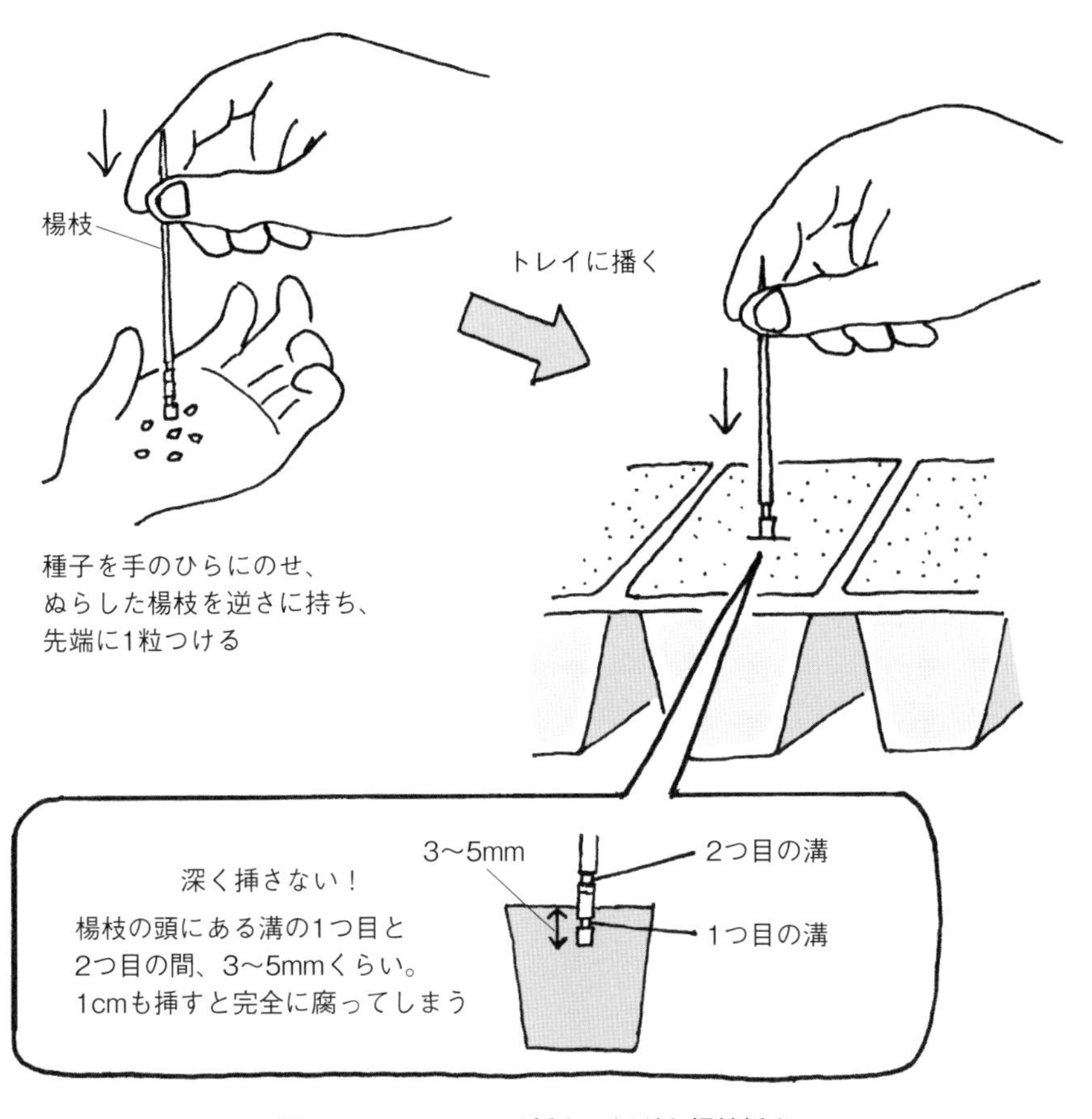

図2－7　セルトレイ播きに便利な楊枝播き

写真2－2　育苗トレイへの播種後のかん水。水の勢いを強くして、その水の勢いで土をはね上げて覆土する。ホースは内側に藻が発生しないように黒色がよい。また、長持ちもする*

覆土はどのくらいがいいか？

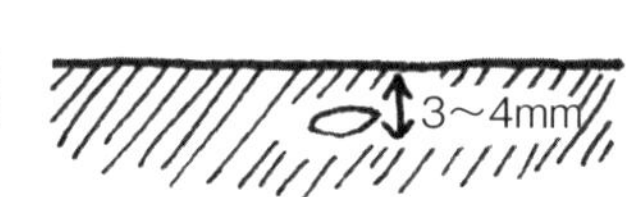

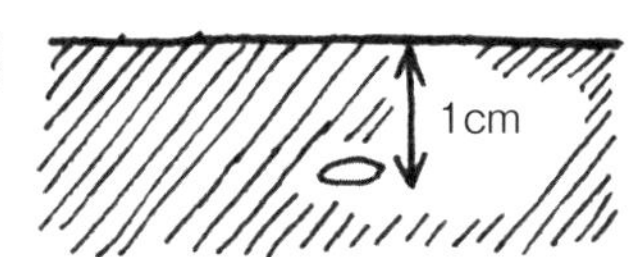

図2−8　覆土の厚さと発芽

種子の厚みの三倍

一般に覆土の量は、ポット苗なら種子の厚みの三倍といわれている。なかには、播き溝を切らないで平らな床土に種子を直接条播きし、その部分だけ覆土を山盛りにするやり方もあるが、溝を切ってそこに種子を播き、覆土するのが一般的である。その場合の播き溝の深さは、三〜四㎜でよい。

厚すぎると腐る

覆土が薄い場合は、後日かん水されて、あとで発芽するが、厚いと種子が腐ってしまう。覆土が薄いと発芽しないのではないかと思うかもしれないが、そんなことはない。タネ播きのときに箱の外に落ちた種子は、その後発芽してくる。水分は足りなくても酸素があれば発芽するのである（図2—8）。

なお、手播きの場合は覆土もていねいにする必要があるが、楊枝播きなら覆土は不要である。蓮口をつけて勢いよくかん水すれば覆土される。

写真2－3　パイプの上でトレイをずらして十分に空間をとり、かん水する（40ページ参照）

セル苗を均一に発芽させるには？

培養土を均一に詰め、十分湿らせる

均一にいっせいに発芽させ、バラツキなく育てるには、各セルに培養土を均一に詰めること、培養土をムラなく十分に湿らせることである。

培養土が少なく底に隙間ができたり、かん水後に沈んで根域が小さくなったりしてしまうと、乾きやすく、また肥料分も少なくなり、生育が停滞し、揃わなくなってしまう。特にトレイの四隅は十分に詰めにくい。またセル苗用の培養土は排水をよくするために、ピートモスやバーミキュライトなどが多く配合されているため、水になじみにくい。

培養土は播種前日に詰めてかん水

播種当日のかん水では均一にセル内全体が湿りにくいので、前日に詰めてかん水し十分に湿らせなじませておくとよい。

発芽ムラが生じるのは、この水分ムラが原因のことが多い。私は前日に水稲の育苗箱にトレイを入れて培養土を詰めたあと、トレイの底穴から水が出る程度にかける。かけたあと、トレイを持ち上げて、育苗箱にどのセルからも水が出て点々とぬれていることを確認する。かん水後、培養土が十分に詰まっていなかったセルは培養土が沈むので、補充する（図2—9）。

中抜きで徒長を防ぐ

トレイを並べる育苗床は、育苗ベッドに古ビニールなどを敷き、水がたまらないようにフォークなどで穴をあける。その上に水稲育苗箱を二列に並べてトレイを直置きする。

五五穴のトレイの場合、短辺が五列で、長辺は一列に一一個の穴がある。トレイの中央部分が徒長しやすいので、五列の中央一列をあけて培養土を詰める。中央一列は、写真2—1のような簡単な「ふた」を使って穴をふさいで中抜きにし、四四穴とする。そのまま培養土を詰める。

培養土の詰め方の手順は図2—9のように行なうとよい。

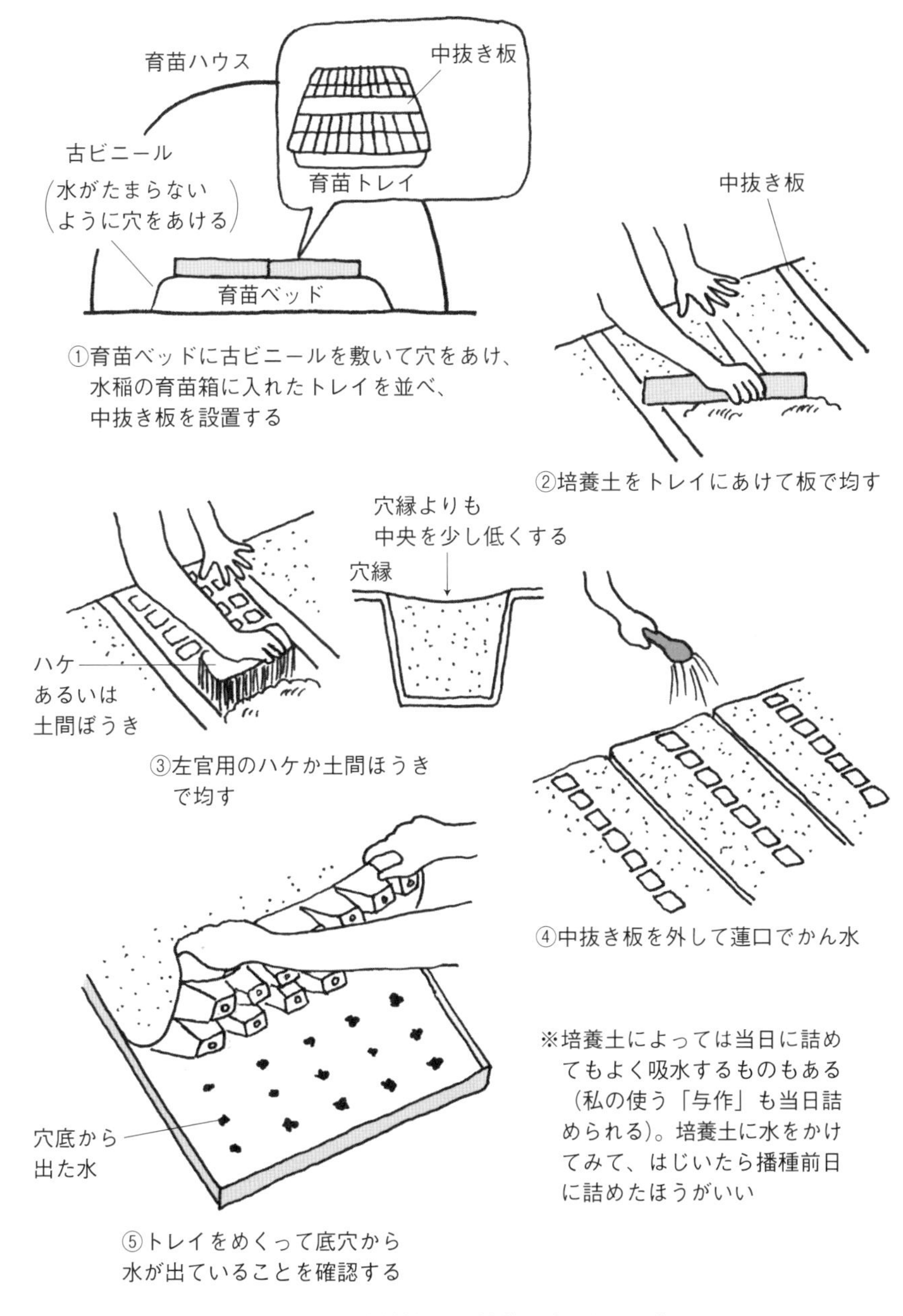

図2－9　播種前日の培養土詰めとかん水

播種後、バラツキなく育てるには？

発芽揃いまで培養土を乾かさない

播種がすんだら、発芽するまで培養土が乾かないように、育苗トレイを被覆資材で覆っておく。トマトは地温二五度くらいで管理するとふつう一週間くらいで発芽してくるが、抑制作型の場合は育苗期が高温になるので、播種後四日目ころには発芽してくる。その間、培養土を乾燥させないようにしなければならない。

一～二芽発芽してきたら、遅れないよう被覆資材を取り除く。日中、日差しの強い時間に取り除くと、緑化しなくなる白化現象を起こすので、なるべく夕方行なう。発芽は、地温が低くても、また、逆にあまり高くても日数がかかる。休眠打破されないからである。発芽が揃ったところで、欠株があれば二粒播きの分を補植する。

▼新聞紙利用の場合

被覆する資材は新聞紙でもよい（図2—10）。新聞紙を広げ、端っこから一枚ずつかぶせていく。新聞紙を広げた長辺は約八〇cm、短辺は約五四cmだから、一枚の新聞紙で育苗トレイ二枚弱を被覆できることになる。端っこを少し重ねるようにして被覆する。

風に飛ばされることがあるので、新聞紙の上から不織布のラブシートをかけて抑えておくと便利である。ラブシートを育苗ウネの端に固定しておき、育苗トレイに新聞紙をかけたらすぐにラブシートをころがして覆っていくとよい。ところどころラブシートの裾の部分に、余ったパイプなどを重石代わりにのせておくだけで、風で新聞紙が飛ばされることがなくなる。

ただ、新聞紙は遮光率が高いので発芽し始めたら除去しないと、苗が徒長する。発芽揃いが悪いと除去のタイミングがつかみにくく、いちいち新聞紙を外して確認しなければならない面倒さはある。

播種後約四～五日で発芽が始まるので、早朝一～二芽が見えたら、その日のうちになるべく夕方にラブシートと新聞紙をはがす。日中、光線の強いと

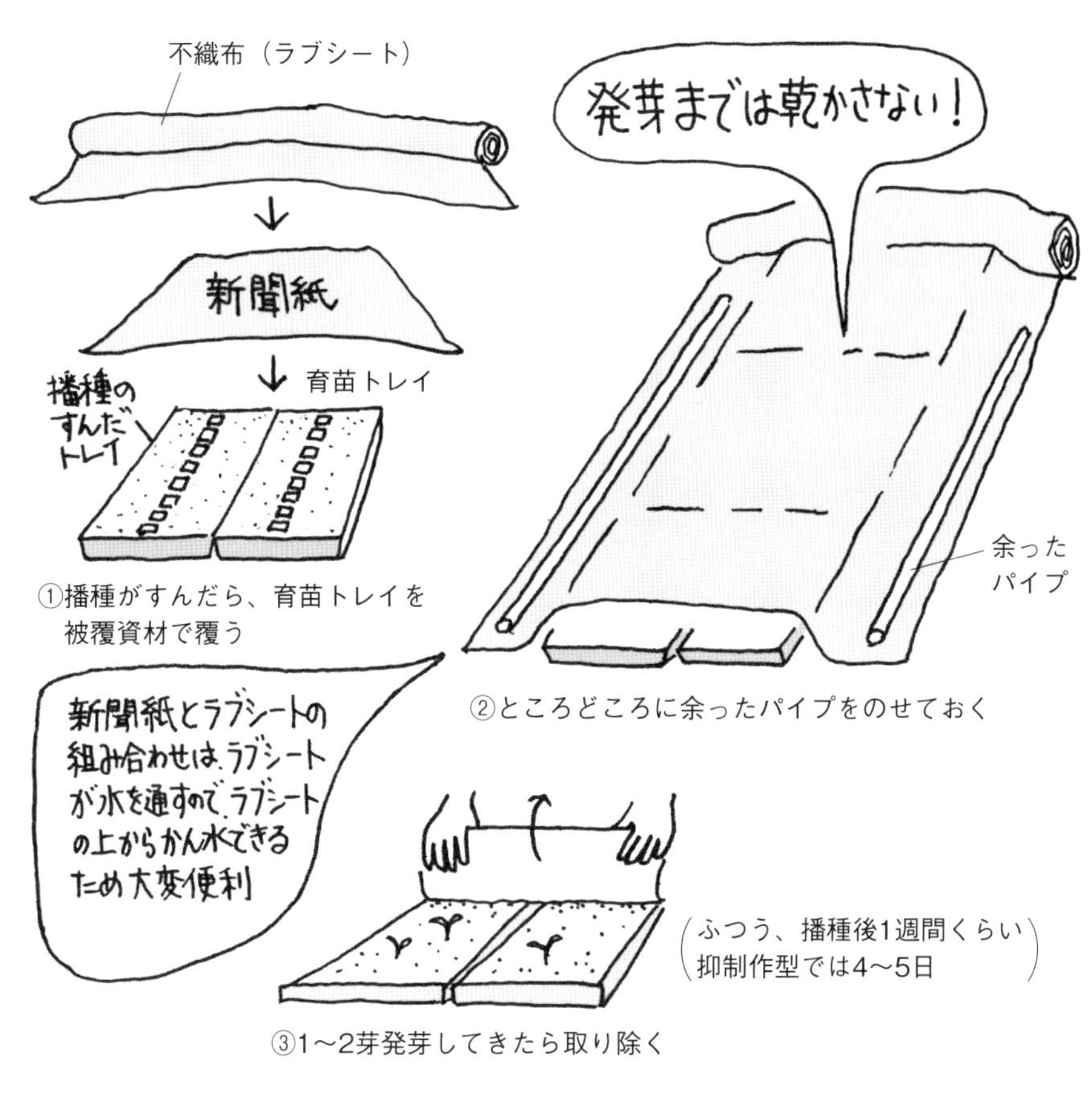

図2－10　播種後の管理（新聞紙被覆の場合）

きに除紙すると白化現象を起こすからである。翌日の朝にはがせばよいと、のんきに構えていると一気に発芽してしまい、徒長苗になってしまう。もし、明日発芽しそうだという場合には、ラブシートだけ残して新聞紙を取り除く。ラブシートには遮光効果もあるため、もし翌日がカンカン照りになった場合でも、白化現象は免れることができる。ラブシートは発芽が揃ったら除去する。

▼太陽シート利用の場合

太陽シートとは、水稲の平置き育苗などで使われるアルミを蒸着した合成樹脂フィルムで、太陽の光を反射してくれるため、日差しの強い時期も育苗トレイ内の温度が上がりにくい。高温で強い日差しの条件で接ぎ木育苗する抑制作型には便利で、特に断根挿し接ぎ苗の場合にはメリットが大きい。

発芽後、苗の徒長を防ぐには？

置き上げで過湿を防ぐ

発芽するまでは培養土が乾かないようセルトレイをビニールマルチの上にべた置きしてきたが、発芽後からは苗が徒長しないように、トレイをコンテナやタルキ、パイプの上に並べ替える。「置き上げ」である（図2—11）。育苗トレイの底を浮かせて、底穴を空気にさらすことで根の伸び出しを抑制し、排水や通風をよくして徒長や生育のバラツキを減らす。

私の場合は、幅一五〇cmのベッドに、かん水パイプ（径三〇mm）を三〇cm間隔で四本並べ、その上に育苗トレイを横向きに置く。一〇a当たり必要な箱数は五〇箱（五五穴のトレイを一列中抜きしているので、一箱四四本の苗。予備苗を含めて二二〇〇本）で、育苗後半の二回目のずらしのスペースを含めても一二・五mのベッドがあればすむ。タルキを用いる場合も同様で、六〇mm角のものを用いている。

パイプやタルキを使わない場合は、水稲用の育苗箱を裏返しにして、その上にトレイを置く方法でもよい。下から根が酸素を吸える状態になればよい。

かん水は午前中、控えめに

発芽までは培養土を乾燥させないことが大切だが、発芽が揃ってからは水分が多いと徒長するので、節水管理に移行する。

かん水は苗がしおれない程度とし、なるべく午前中に行なう。播種のときに使った蓮口で、少し勢いを弱めてかん水するとよい。午後遅く行なうと夜間に徒長しやすくなる。夕方少ししおれても、夜中、翌朝には元気になっている。我慢できずに夕方かけて、翌日が雨天ともなれば、なおさら徒長、病気の原因ともなる。特に育苗後半は気をつける。

ずらしで日当たり、通風をよくする

発芽して五日目には本葉第一葉が出始め、一〇日後には第二葉が出始め

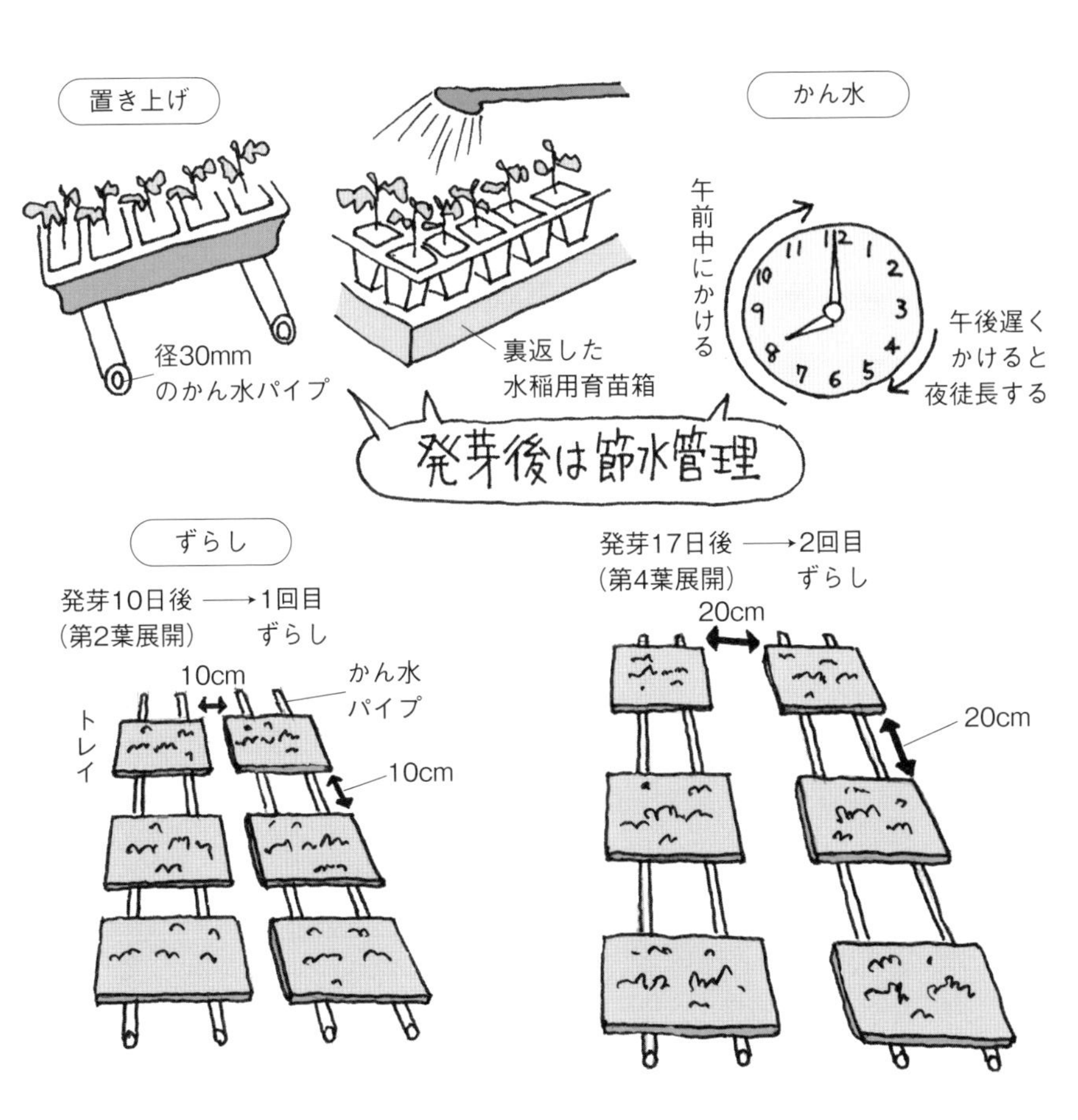

図2－11　発芽後の苗の徒長を防ぐ管理

る。そうするとトレイの苗どうしの葉が重なり合ってくる。このころに徒長しないよう日当たり、通風をよくするために、トレイを置き上げのまま、ずらしを二回に分けて行なう。

一回目のずらしは、かん水パイプの上をすべらせるような感じでトレイとトレイの間隔を一〇cmほどあける。間隔の目安は、中抜きした列の幅程度の隙間で、ずらしたあとは、苗が育っている二列がウネ全体にきちんと等間隔に並んで見えるようにする。

二回目のずらしは、一回目のずらしから一週間後、本葉第四葉が展葉し、五葉が見え始めて、再び葉どうしが重なりあってきたころに行なう。トレイとトレイの間隔を二〇cmくらいに広げ、二列に並べた列と列のあいだも二〇cmくらいあける（写真2―3参照）。

ポット育苗でバラツキなく育てるには？

培養土は縁の高さまで詰めない

ポット育苗する人も多いと思うので、簡単に要点を記述しておく。

水稲育苗箱（深さ三cm）に培養土を詰める。一般の育苗箱の深さは五cmあるが、培養土の量は三cm強を目安とする。深さいっぱいの五cmも培養土を入れると保水性がよすぎて徒長ぎみになる。

育苗箱の長辺に一〇列に板などで溝を切り、溝の底の部分に各二〇粒程度、一箱二〇〇粒程度播種する。

溝の深さは、タネの厚みの三倍くらいになる三〜四mmとする。山の部分の土をかぶせて覆土とし、上から軽く押さえる程度に鎮圧してかん水する。

きれいに均等な間隔で播種しようという場合は楊枝播きがいいが、ポット育苗の場合には鉢上げするので、トレイ育苗のような精密さはいらない。親指と人差し指でタネをつまみ、ひねるようにして播種溝に落していく（図2―12）。あまりに偏りがあるときは、種子袋の角を使って間隔を調整すればよい。かん水は一般的な方法と同様である。

培養土を乾燥させない

自家製培養土の場合は、播種後、立枯病予防のダコニール一〇〇〇倍液を、一㎡当たり（約六箱分）二ℓ、防除を兼ねてかん水する。購入培土なら殺菌済みなので不要である。

抑制作型での発芽の失敗は、高温下で培養土が乾きすぎ、水分不足によって起こることが多い。かん水はムラなく行ない、十分にかん水後すぐに、培養土が乾燥しないように新聞紙などで覆う。四〜五日して発芽してくる。遅れないように除紙する。

培養土を中耕して根を発達させる

発芽が揃ったときと、本葉一・五葉期（播種後約二週間）の鉢上げ三日ほど前に、播種床を中耕して培養土に酸素を十分に入れてやると根の発達が盛

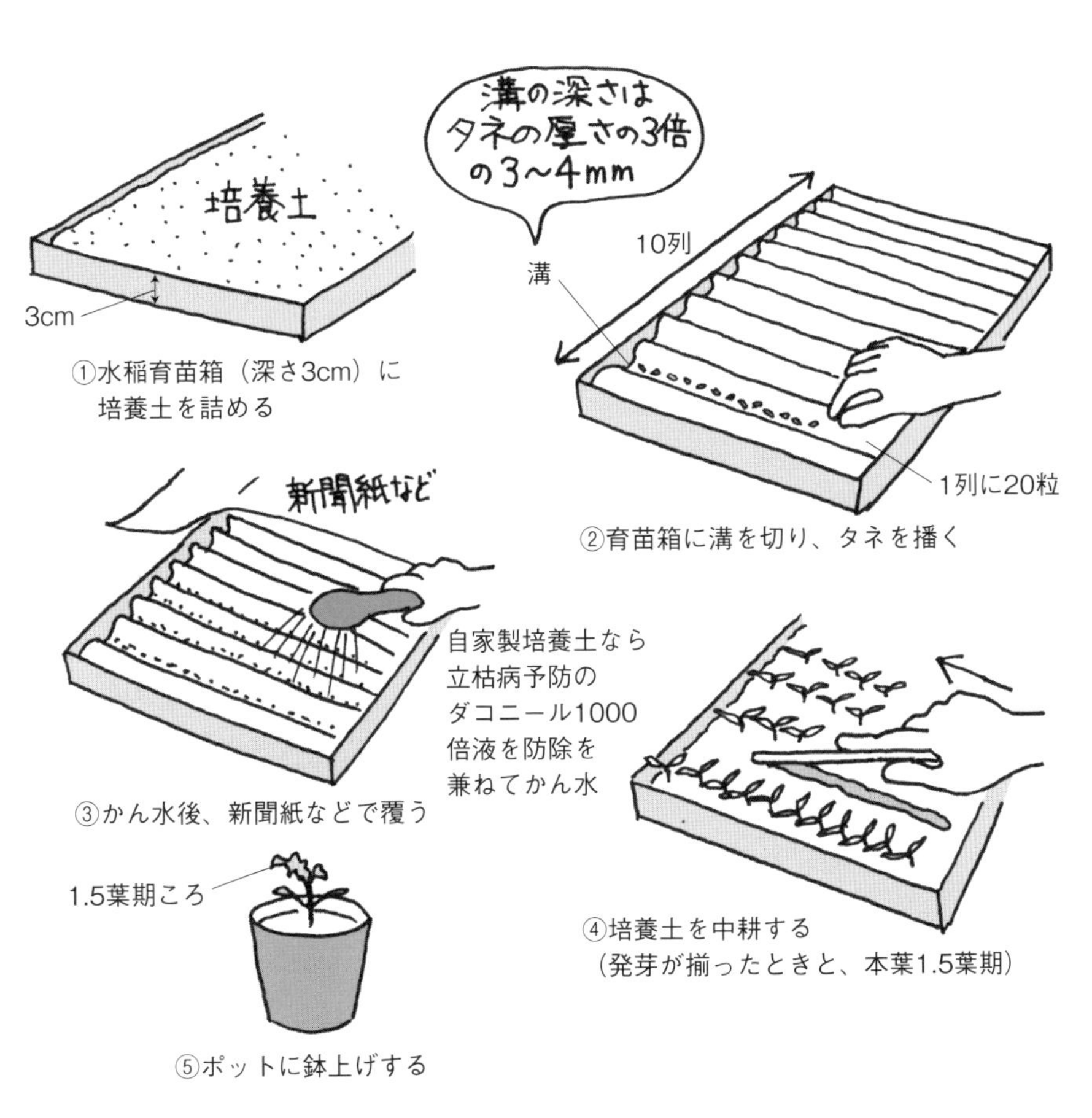

図2－12　ポット育苗のやり方

んになる。棒状の温度計か、なければ鉛筆くらいの太さの棒の先端を細く削ったもので、条播きした条の間を、棒の先端が育苗箱の底に届くまで差し込んで掘り起こしていく。特に物理性の悪い培土の場合はかん水後に土が締まって硬くなるため、この中耕の効果は大きい。

一・五葉期ころに鉢上げをする。一〇・五cmくらいのポットに鉢上げするとよい。抑制作型の場合、播種後三〇～三五日、花蕾の確認ができる程度で定植する。促成作型などであれば五〇日以上かかる。

失敗の少ないセル苗の接ぎ木法は？

合わせ接ぎは活着が悪いこともある

トマトも土壌病害が多く、青枯病、萎凋病レース1、2、3、根腐萎凋病、褐色根腐病などがあり、これらを回避するには耐病性を持つ台木に接ぎ木することが一般的とされている。

接ぎ木の方法は、以前は呼び接ぎが多かったが、セルの空間はポットのように広くないので呼び接ぎが行なえない。そこで現在は、接ぎ木資材のスーパーウィズを使った「合わせ接ぎ」が一般的に行なわれている。

接ぎ木後三～四日間、接合部が活着するまでは湿度を高く保つこと、三〇度以下に保つことがポイントである。

台木が水分を吸いすぎて穂木がしおれないようでも活着が悪い。台木の吸水力が強いと、接合部が過湿になって雑菌が入ったり、穂木がしおれず癒着する体制になりにくいからだ。

活着率が高い断根合わせ接ぎ

そこで私は断根挿し接ぎをしている。根を切るので台木の吸水力が落ちて接合部の過湿が防げ、穂木が適度にしおれて活着しやすい。また、台木を地際から切り、台木を手で持ち、日の高さで合わせて接げばよいので作業が早くて疲れない（図2―13）。

そのやり方を紹介しよう。

播種

水稲育苗箱に横一〇列で条播きし、一五〇～一八〇粒程度播く。私の場合は穂木を台木よりも一～二日ほど早く播種している。穂木の接ぎ木時期を台木の太さ・位置に合わせるためである。

接ぎ木位置は台木の子葉の上一cm程度で、穂木も子葉の上が接ぎ木位置だが、太さを合わせるため子葉の下、または第一葉の真下、ときには第一葉の上でも合わせることができ、穂木で調節する。

抑制栽培では播種後二〇日程度が接ぎ木時期で、気温の低い時期はさらに日数がかかる。

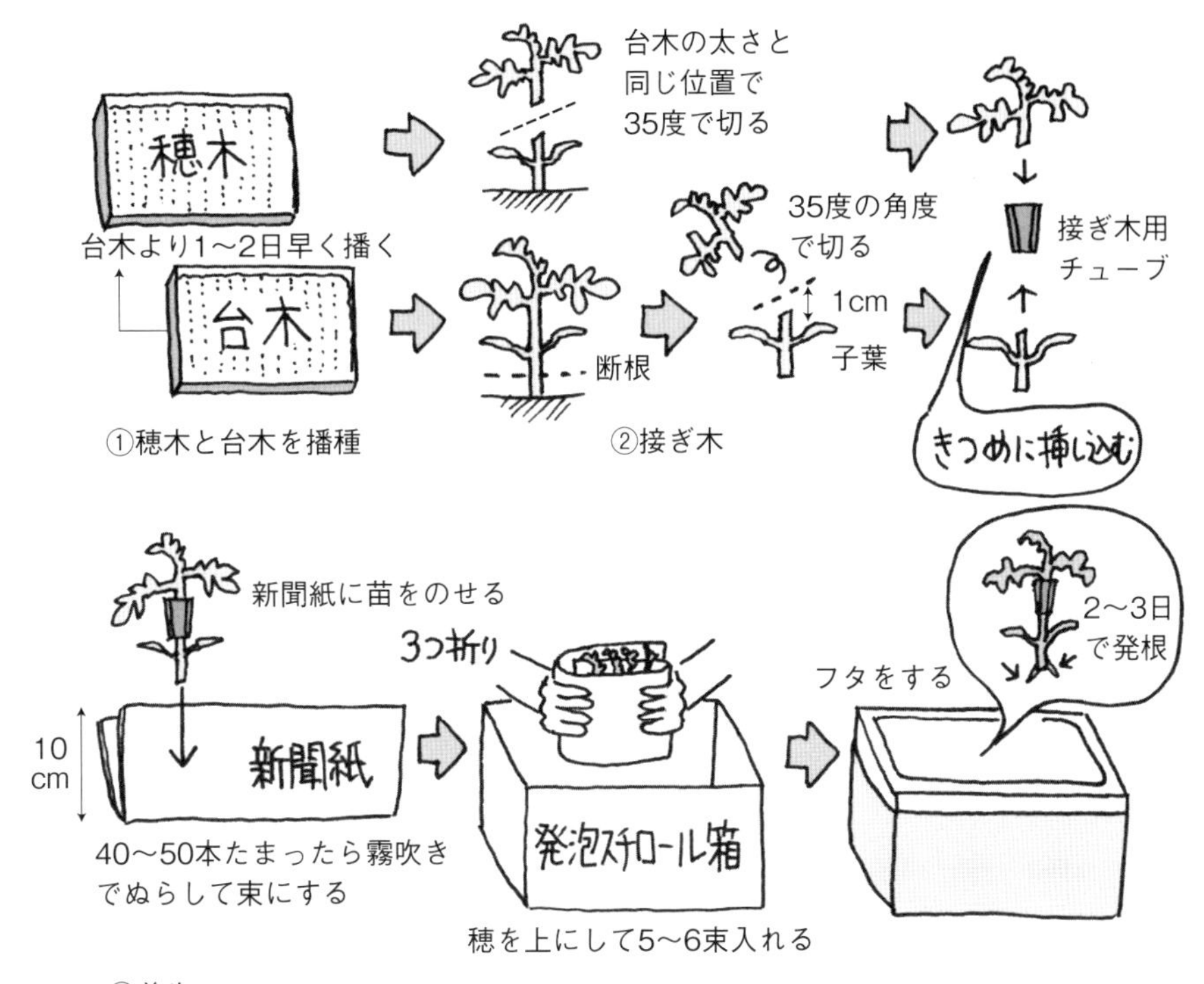

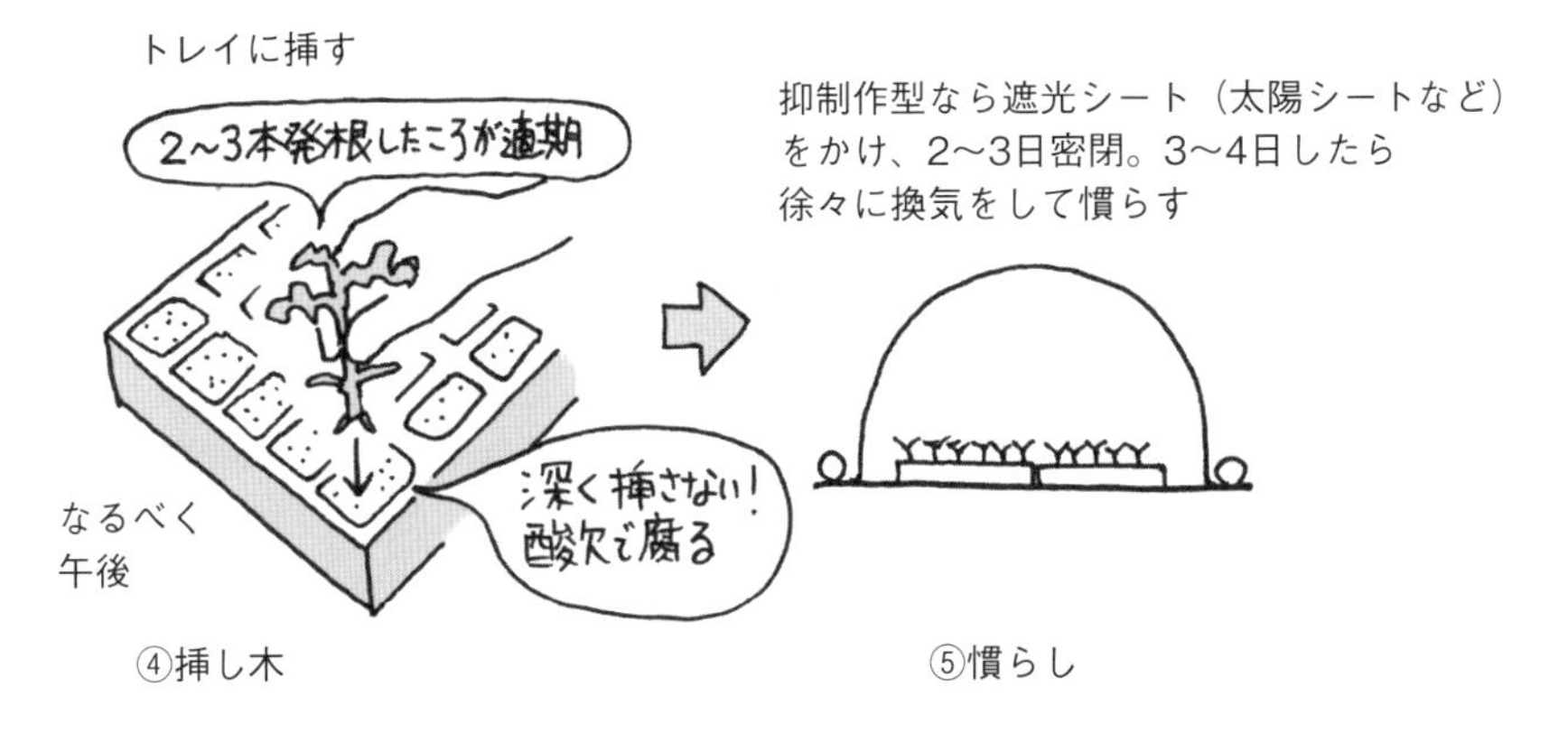

図2－13　セル苗の断根合わせ接ぎ

接ぎ木作業

テーブルの上に台木と穂木の箱を並べ、台木を根元から切り、断根したものを数本用意する。台木の子葉の上一cmほどを斜め三五度くらいにカミソリで切り取って、接ぎ木用チューブを約半分までかぶせる。

次に穂木を子葉の上の同じ太さのところで、同じ角度に切り取って挿し込む。私は接合部にチューブを使うが、長さ一・五cm、太さ二・〇mmと二・二mmを用意し、太さに合わせて使い分けている。

抑制栽培などでは高温時の作業となるので、二五～三〇度程度の涼しい作業場などで行なうほうがよいだろう。

養生

挿し終わった苗は通常、直ちにトレイに挿して養生室に入れ、活着を促す。私の場合は養生室がないので、発泡スチロールを使う。

新聞紙を一〇cmほどに折った上に苗をのせ、四〇～五〇本たまったら霧吹きで適当にぬらして三つ折りの束にし、発泡スチロールの箱に入れる。三〇×二五×二〇cmくらいの箱に五～六束ほど入れる。穂が上になるように立てて置きし、箱にふたをする。このとき、あまり霧吹きしすぎると、貯蔵中に蒸れて子葉が黄色くなり、落ちてしまう。特に抑制栽培の育苗期は夏で高温多湿となり、腐ることがあるので、かけすぎは十分に注意する。接ぎ木より養生のほうが難しいことを肝に銘ずる。

抑制栽培では、二～三日すると接ぎ木部分は癒着して抜けなくなり、根も出てくる。接ぎ木したときと比べるとだいぶ大きくなっていて、暗いところでもトマトは生育しているようだ。二～三本発根したころが挿し木の適期である。

挿し木作業

接ぎ木が癒着したらなるべく午後、七二穴トレイなどに培土を詰めてかん水し、一本ずつ挿す。挿し終わって土が乾いていたら霧吹き後に遮光シートを張る。最初はシートを開けずにそのままとし、三～四日したら徐々に換気・採光して外気に慣らす。挿し木後に天気予報で高温が続くようなら、二～三日納屋などの室内にトレイを移して養生する。

以上のような方法なら、初心者でも容易に活着させられる。

ただし、断根後に発生する根は通常の根より強いので、草勢も強めになる。元肥は控え、熟苗で植えれば問題はない。むしろ後半までスタミナが持つ。

二本仕立てをうまくやるには？

種苗が半分、手間も半分 暴れにくく、バテない

近年、トマトの二本仕立てが増えてきた。どんなメリットがあるのか。

まず、種子（苗）は半分でいい。私は一本仕立ての場合、一〇a当たり二〇〇〇本の苗を用意するが、それが一〇〇〇本程度ですむ。当然、育苗管理も半分、定植作業も半分となる。

また、二本仕立てでは一本の樹に二本分の花が咲き、着果するので、ストレスがかかり、草勢が安定する。セル苗（四〜四・五葉）定植でも生育初期に暴走しにくく（異常茎が出にくく）、その後の管理がしやすい。ただし、着果負担が倍になるので、草勢をよくみて早めに追肥、かん水が必要となる場合もある。

いっぽう、生育が進むと根量が増えるようで、後半にバテることはない。一本仕立てよりも根張りがよくなるようで、収穫後の片付け時に抜くのに多少力がいる。しかしそれも、一本仕立ての半分の本数なのでラクである。

では、どのように二本に仕立てたらよいのか、六年間の試験栽培の経験をもとに紹介したい。

花房直下の側枝を使うと初期収量が少なくなる

当地でいちばん多く行なわれている方法は、一段目の花房直下の側枝を伸ばす方法である（図2―14）。

当地のような抑制栽培では、育苗時が高温なので、一段花房は早くて本葉一一枚目の上、または一三枚目の上となる。低温期に育苗すれば七枚の上あたりでつくので、一段飛んでしまったかのようである。

その一段花房直下の側枝は、葉を五枚つけてから花芽をつける。頂芽優勢の性質で、主枝の生育は早いため、側枝の開花は主枝の三段目が開花するころとなってしまう。よって初期収量は極端に少なくなってしまう。また、この方法では側枝の丈が高くなり、誘引作業も大変となる。

子葉の真上で摘芯すると花芽が遅れる

私は、断根挿し木法で接ぎ木をしている（44ページ）。その際に穂木を取って残った子葉の上から出てくる二本の側枝をそのまま伸ばし、これを二本仕立ての苗として使ったりすることがある。

二〇一六年の場合は、子葉の上で本葉を除去（摘芯）する方法で、作業性もよく、揃いもよい。摘芯のときには二本の側枝が同じように出ないのではないか、両方出ない「めくら芽」となってしまわないかと不安になるが、心配はない。

だが花芽がつくのが、本葉二枚で摘芯する場合と比べて二節遅い。本葉二枚で摘芯した場合の花芽は七節（本葉を入れると九節）だが、子葉上で摘芯した場合は九節となる。あとから本葉二枚で摘芯したほうの花芽が早くつくので、開花は同時期となる。

定植後に三～四節の側枝を選ぶと付け根部分が裂けやすい

苗を定植した後に、わき芽かきをせずにやや放任状態にしておき、側枝が発生してきたら、その中から大きい一本を残して利用する方法もある。下位節の三～四節から残す場合が多い。

この側枝は、葉を七枚つけてから花芽を持つ。主枝の本葉四枚の上から出た側枝を使った場合、主枝が葉一一枚で花芽を持ったとすると、側枝も同じ一一枚（主枝の四枚と側枝の七枚）くらいで花芽を持つことになり、開花が同時期に揃う。

しかし下位節から出る側枝は組織が弱いのか、誘引のときに付け根の部分が裂けやすいという欠点があり、作業が大変になる。

セルトレイで本葉二枚で摘芯

私は、次に紹介する方法がいちばんよいかと思っている。大きめの五五穴トレイで育苗したセル苗を本葉二枚の上で摘芯して、本葉一枚目と二枚目から出た二本の側枝を使う方法である。

抑制栽培（六月播種）の場合、本葉二枚の上でピンチ（摘芯）すると、そこから七葉ついて計九葉の上の位置が花芽となる。側枝が片方しか出ないのではと心配したが、今のところ問題はない。本葉三枚でもやってみたが、セル苗の場合は葉が混み合って、後半に徒長し、揃いが悪くなる。

本葉を摘芯すると収穫が遅くなると思われているが、二〇一五年は二本仕立てのほうが一本仕立てより早まり、二〇一六年は一本仕立てのほうが早かった。天候条件で変わるのかもしれない。

二本仕立ては作業性、種子（苗）の

1段花房直下の側枝を伸ばす

側枝　主枝
1段目　3段目
2段目
1段目
5 4 3 2 1

○花房直下の側枝から強い側枝が出る
×初期収量が低い

子葉の真上で本葉を摘芯

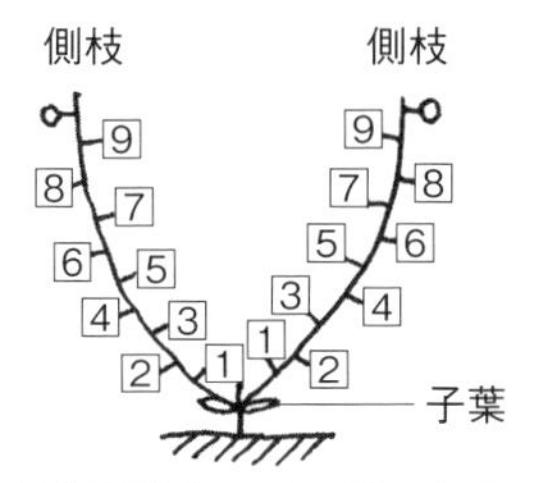

○作業性もよく、揃いもよい
×花芽がつくのが遅れる

定植後に3～4節の側枝を選ぶ

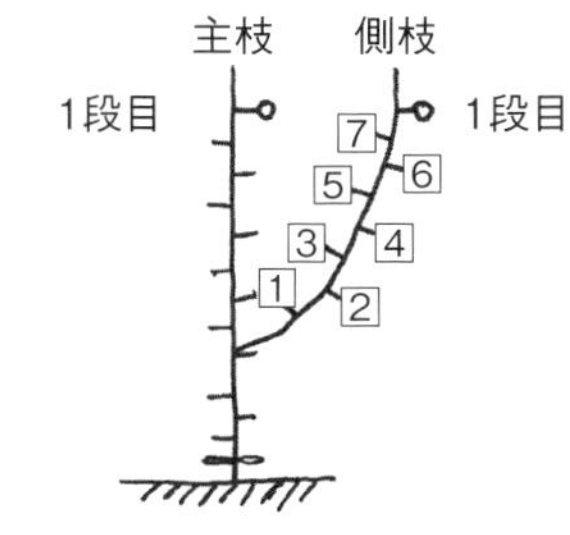

○主枝と側枝の開花が揃う
×（高温期は特に）
側枝を誘引する際に付け根が裂けやすい

セルトレイで2枚で摘芯

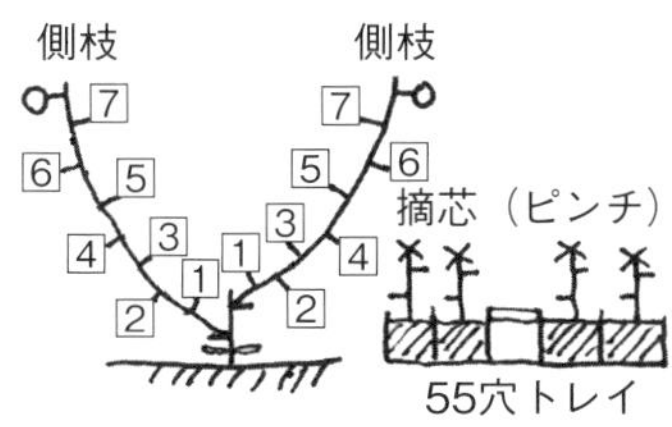

○トレイで摘芯することで硬く太い良苗に
×（3枚で摘芯すると葉が混み合って徒長する）

図2－14　2本仕立てのやり方と花芽のつき方

コスト面でも検討する価値が十分あると思うので、引き続き、栽培を続けたい。

コラム

草勢が強いのに暴れない直播栽培

直播栽培は千葉県農業試験場で研究された栽培で、私も三年ほど試験的に挑戦したことがある。植物は若苗強勢といって、直播、稚苗、セル苗、成苗と、定植苗が大きくなるにつれて草勢はおとなしくなるといわれる。しかしやってみると、直播栽培は草勢が強いのに暴れない。

直播栽培は、圃場での生育が育苗期間の分だけ慣行栽培よりも一カ月あまり長くなり、ポットやセル苗のようなきめ細かな管理もできない。しかし、直播トマトには定植後の生育停滞がないだけでなく、根域制限、移植や定植の植え傷みなどのストレスがないため、出葉や展葉速度が速く生育が順調である。さらに高温期の抑制栽培でも、着果節位が八〜九節とセル苗に比べ三〜四節低くなる。

平成十二年に私が試験栽培した「桃太郎8」では、セル苗に比べて収穫が一八日早く、ポット苗に比べても一〇日は早いと思われた。しかも第一段果房は今まで必ずといっていいほどチャック果などの奇形果が若干発生していたが、直播トマトにはそれがなくて品質も向上した。

そのうえ、着果肥大するまでは強かった草勢も、第三果房が肥大するころからはおとなしくなり、大きな関門だった異常茎の発生も難なくクリアできた。

その後の肥培管理を強めに持っていけば、太い直下型のゴボウのような根が最後までスタミナを持続させる。収穫開始が早くなり、収穫期間も長くなるため、収穫段数が二〜三段多くて収量もアップするようだ。

ただし、直播後一カ月間は従来の育苗期間にあたり、この間に加温が必要な作型には、技術的にも経済的にも導入は難しいだろう。

また、幼根が直接圃場の土壌に伸びて、青枯病、萎凋病、ネコブセンチュウなどの土壌病害虫に冒されやすい。このような土壌病害虫が心配される地域は避けたほうがよいと思う。直播は利点があっても普及には至っていない。

なお、一・五葉の鉢上げ時期に本圃に定植する稚苗植えは活着もよく、草勢バランスもよいのだが、直播と同じくネコブセンチュウの多い圃場は寄生されやすくなり、若苗ほどその傾向が強いと感じる。どんな作物でも若苗ほどセンチュウに冒されやすいので、センチュウの多い圃場では向かない。

第3章

圃場の準備と施肥 編

水はけのいい土にするには？

土壌分析でどこまでわかるか

一言で土つくりといっても一朝一夕でできるものではなく、長い歳月がかかる。

土は化学的な土壌分析で計り知ることができ、その質は土壌構造に由来すると思われるが、私たちの世代からいわせれば、わかるようでわからないような部分がたくさんある。そんな奥の深い土つくりについて、私の経験をふまえて紹介しよう。

一定量の有機物を年月かけて施す

一般的にはＣＥＣ（塩基置換容量）が高いほどよい土壌とされ、ＣＥＣの数値が一〇台より二〇台と上がるほどよいとされている。ＣＥＣが高いと肥料養分が吸着・保持されやすく、緩効的に作物に利用されやすいという。動物にたとえれば胃袋だといえる。

では、ＣＥＣを高めるにはどうしたらよいか？　一時的に大量の有機質を施したからといって、簡単にできるわけではない。一定量を年月をかけ、バランスを見ながら施していき、じっくりとつくり上げなければならない。

団粒構造の発達した土ほどよい

また、団粒構造の発達した土ほどよいとされている。

団粒構造は、早くいえば小さい土壌のかたまりであって、一つ一つの分子が集まり大きな粒のかたまりになっている。皆さんもよく観察していると思うが、圃場に入れば誰でもわかり、肉眼で見てもすぐにわかる。ただし人によってはあまり気にしない人もいる。

団粒構造のでき方は、砂土、砂壌土、壌土、殖土などの土質によって異なる。砂土のほうが酸素を多く含んでいるため、有機物（腐植）が消耗（分解）してしまって団粒構造になりにくく、それに反して壌土、殖壌土のほうが団粒構造になりやすくなる。

私の圃場は砂壌土なので、有機物の消耗が早く、毎年有機物を施さないと土はやせていく。また、使用した有機質の種類によっても、分解速度が異なるため消耗度合いが違ってくる。

では、団粒構造はなぜよいか。物理性、排水性、保水性ともによくなる。そしてその構造に取り込まれた養水分が、少しずつコンスタントに効いてくれる。作物の根に供給されるのは、団粒構造の胃袋で蓄えられた貯金を下ろすような形で、徐々に効いていく。

また、特に現在のところ各地で大変な問題となっているネコブセンチュウの増殖を間接的に抑制する効果もあると思う。ネコブセンチュウは、一般的な処理だけではすぐに発生してしまう。腐植の多い団粒構造の土だと善玉生物が増えるため、有害センチュウの優占の抑制に有効だと考えられる。

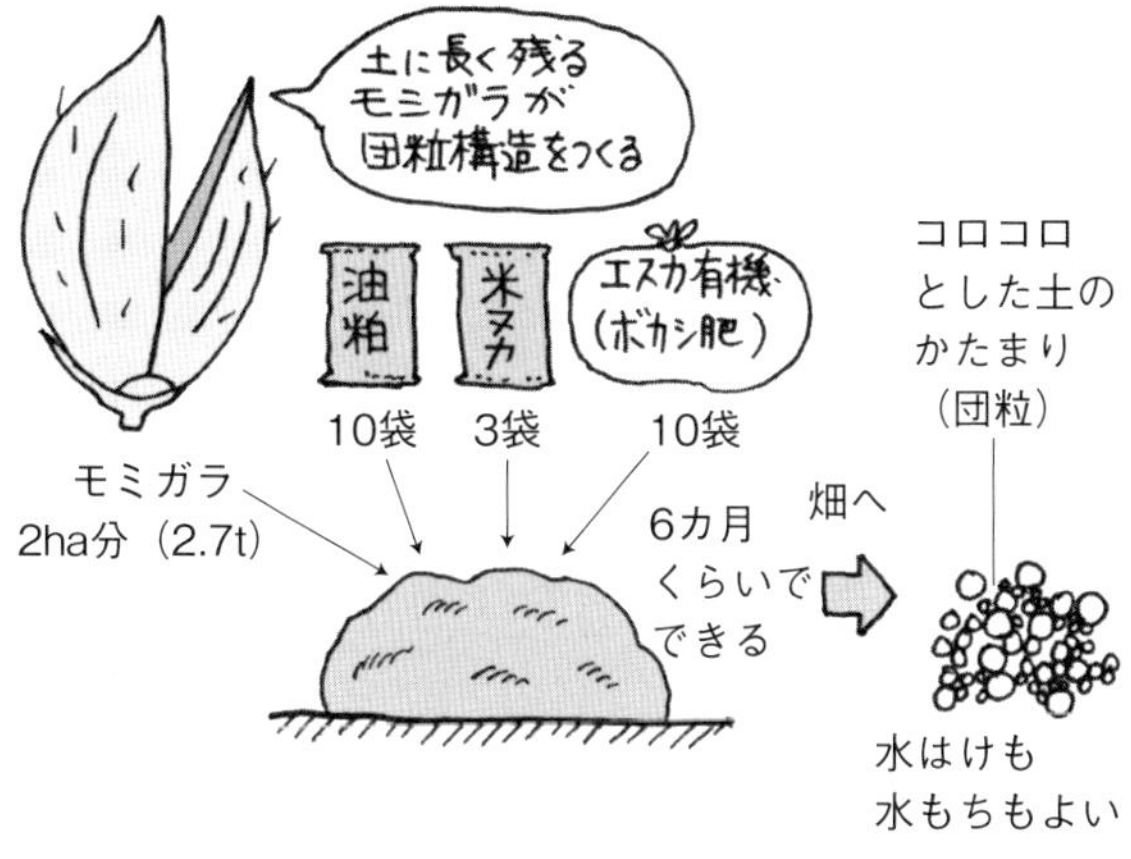

団粒化によいモミガラ堆肥

私の圃場は団粒構造の粒子が大きいほうだと思う。この大きい粒子をつくるにはどうしたらよいだろうか？

私の場合、春はメロン、秋はトマトの年二作型だが、春のメロン栽培前にモミガラ堆肥を一〇a当たり二〜三tくらい施す。

モミガラ堆肥は前年度のモミガラ二ha分に、油粕一〇袋、米ヌカ三袋、発酵剤としてエスカ有機一〇袋を混ぜて積み込み、発酵させ、六カ月くらいでできる（図3―1）。

使用時にはかなり腐植が進んでいる。しかし、モミガラを施してから分解は遅く、土壌に長く残ることが団粒構造をつくるのによいと思われる。それが何十年と続いていくのである。

図3－1　モミガラ堆肥のつくり方

根を深く広く張らせるには?

有機物を局所に施す溝施肥

砂壌土で腐植の消耗が早い私の圃場の土を何とかよくしたいと、三〇年間にわたって続けてきた方法が溝施肥である（図3―2）。

今は、腐植率も高まったこと、私自身が年齢を重ね、体力的に難しくなってきたことから休んでいるが、これから土をよくしていきたいという人にはもってこいの方法である。

トマトの収穫が終わり一段落する二月上旬に、前作メロンのベッドの下に毎年少しずつ位置を変えて、トレンチャーで六〇～七〇cmの深さの溝を掘る。

そして地下水位の上限の五〇cmくらいに埋め戻し、前年の半熟なワラを長いまま一〇a当たり一・五t（二～三反分）入れ、二～三時間頭上かん水して全体をたっぷり湿らせる。

一～二日後に土が落ち着いてきたら、普通化成、モミガラ堆肥、油粕、過リン酸石灰、苦土石灰を全面にまき、管理機でバック耕耘して埋め戻しながら踏み固める。全面を埋め戻したら、トラクタで全面耕耘し、ベッドをつくる。

水は地下に貯金する

溝施肥したワラは、地下水位が低い冬から早春にかけて燃えて（腐熟して）、メロンの地温を上げてくれる（図3―3）。

また根の浅いメロンはワラのある溝の底まで張っていかないが、トマトを定植する八月ころになると、ワラも十分に腐熟し、施した肥料分もワラや土になじんでちょうど食べごろになる。トマトの直下根はこれをめがけて張っていくわけである。

私は、トマトの元肥を施してベッドをつくる前には、メロンと同様二～三時間の頭上かん水を行なう。そのころは地下水位もだんだん下がってくるころなので、水は溝施肥した地下の腐熟したワラにためておく。トマトの定植後一カ月、私は節水管理でいくが、水を地下にためておけば、深く張った

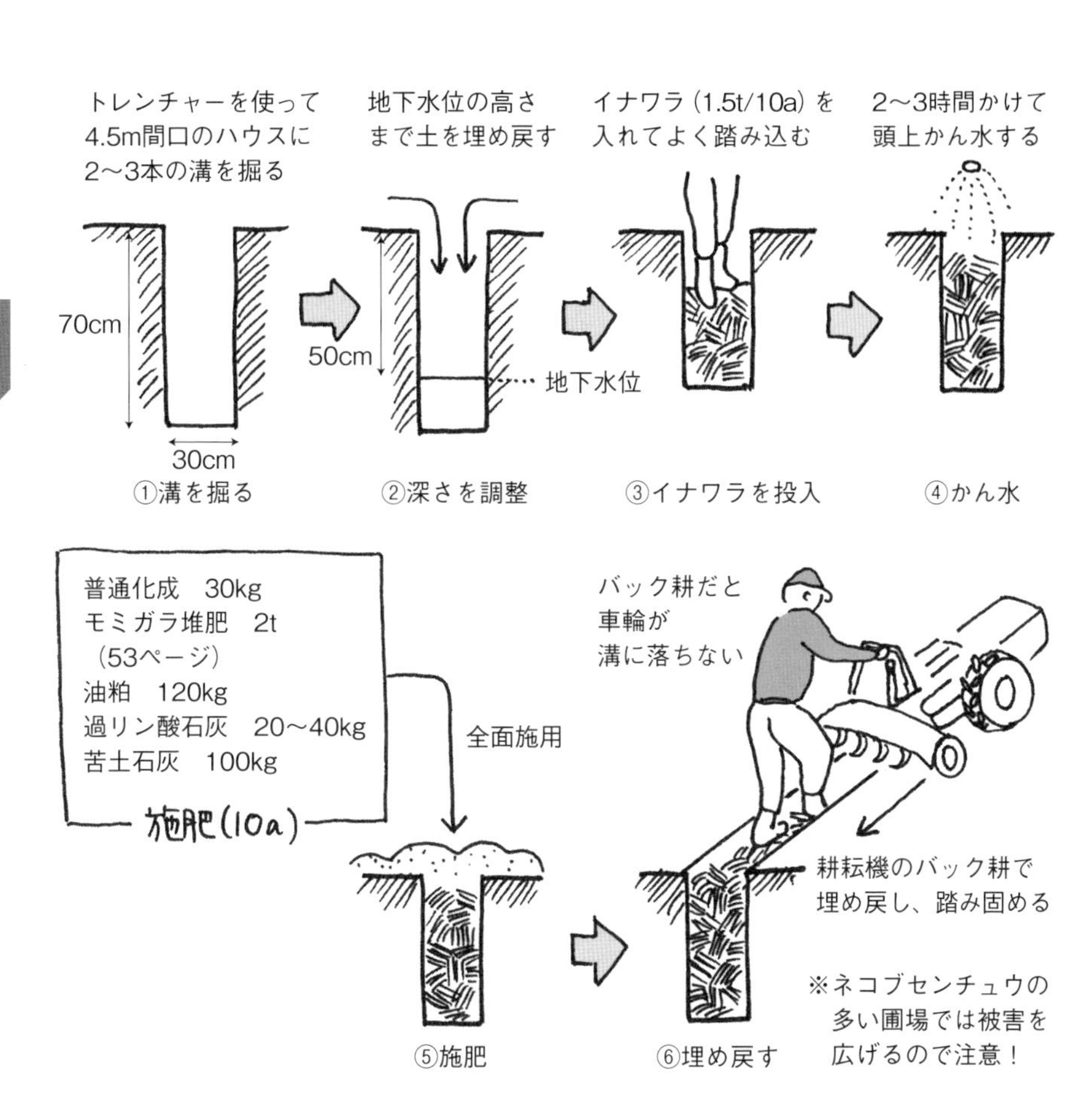

図3－2　溝施肥のやり方

トマトの根は水分を安定して補給できる。肥料も全層に薄く施せば肥効もなめらかに安定するので、異常茎もスタミナ切れも出にくくなる。

異常茎を出さず、スタミナ切れも出さないトマトつくりには、根を深く張らせること。そのためには、地下の水がきわめて重要なので、私は、水は地下に〝貯金〟しておくといっている。

センチュウの多い圃場は注意

ただしこの溝施肥は、下層の土が表層に出てくるため、センチュウ密度が高い圃場では被害を増やすので注意する必要がある。

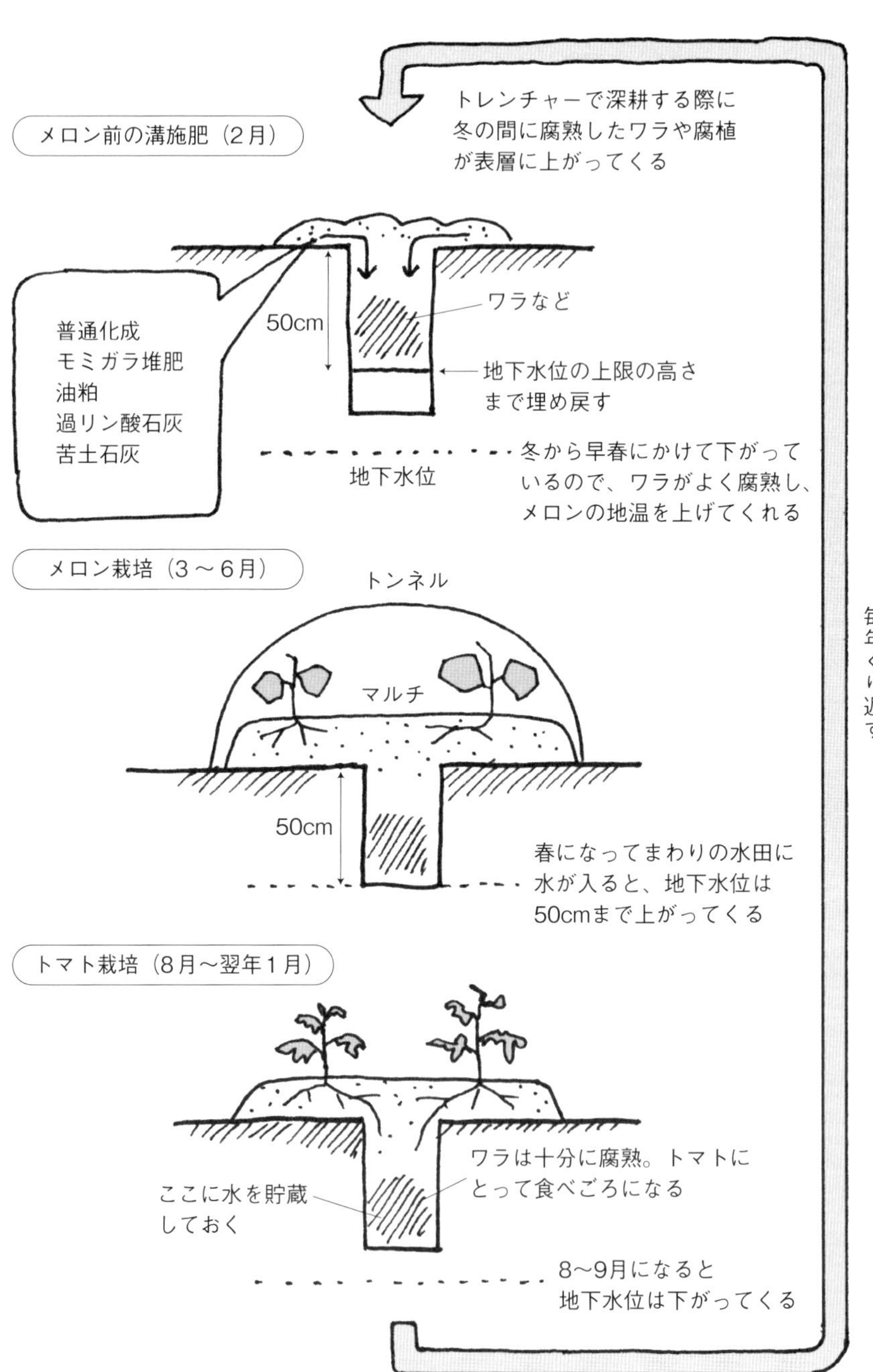

図3－3　1年でみた溝施肥の効果

写真3－1　長さ200㎝のトンネル用支柱（矢印）を土に挿し込むと、ほとんど入ってしまうほど土はやわらかい

土壌消毒はどれがいいか？

冬に薬剤消毒、夏に太陽熱消毒

私は年二作、春メロンと秋はトマトを栽培しているので、土壌消毒は通常年一回。春作メロンのときにソイリーンかD－Dで行なっているので、トマトの作付け前には農薬による土壌消毒を行なわない。三〇年ほど前からメロン収穫後の七月の太陽を活かして太陽熱消毒に切り替えた。太陽熱消毒をするようになってから、コルキー（褐色根腐病）は発生しなくなり、青枯病も一部に出る箇所があるがほとんど問題なくきている。

年により梅雨明けが遅いと効果がもうひとつの年があるが、一週間以上晴天が続くと、地下三〇cmくらいまで四〇度以上になる。センチュウや多くの土壌病原菌は四〇度以上になれば死ぬので効果が期待できる。私のハウスは、ハウスフィルムがフッ素樹脂（エフクリーン）で透明度が高く密閉すると温度が上がるので、いっそう効果が高い。

私の場合、メロンの収穫が終わるのが六月下旬。トマトの定植が七月下旬。ハウスが空いている期間は三五～四〇日間である。このうち、施肥・耕耘・ウネ立て・かん水に一週間は必要なので、太陽熱消毒に割くことができる日数は二五～三〇日である。

手順は次のとおりである（図3－4）。

①メロン収穫後、すぐに残渣を処理

前作メロンの収穫が終わったら、すぐに木を抜いてしおれさせる。一両日後に外に出すか、間に合わない場合は蔓を中央通路もしくは両サイドに寄せる。

②マルチをめくり、ドブドブになるまでかん水

前作メロンのマルチをめくってハウスのサイドに寄せる。かん水は、土がドブドブになるまで、四～五時間行なう。これは頭上かん水でもチューブかん水でもいい。

③マルチを再度敷き、ハウスを密閉して温度を上げる

ドブドブ状態が落ち着いてハウスに入れるようになったら、土が乾かないうちにマルチを元に戻し、ハウスを密閉して温度を上げる。トマトの定植一週間前になったら、マルチをはぎ、定植準備にとりかかる。

私の場合、太陽熱消毒の時期が梅雨時にあたるが、三日間晴天が続けばマルチした一〇cmで七〇度、二五〜三〇cm下で四〇度まで地温が上がっている。

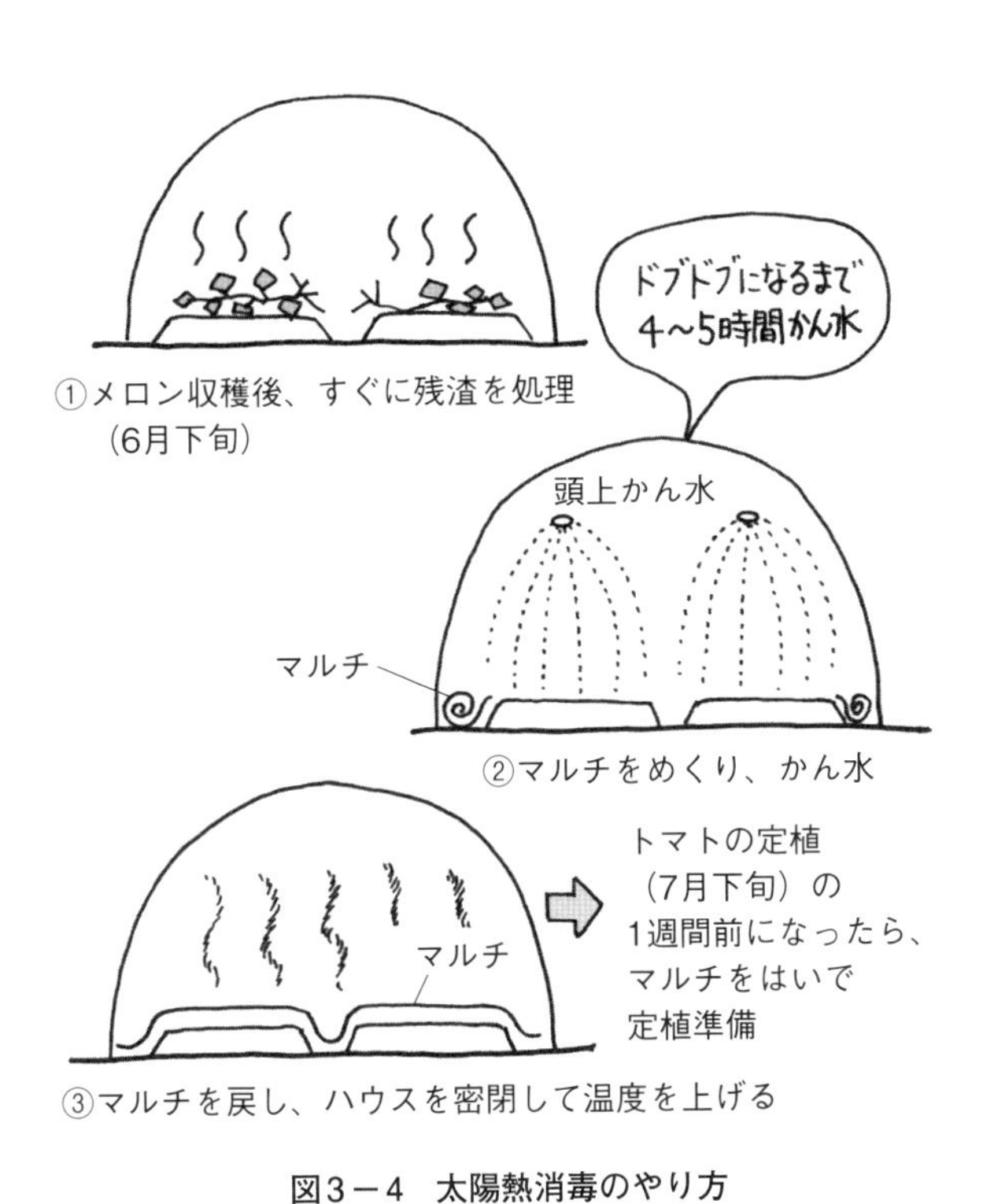

図3−4　太陽熱消毒のやり方

熱水消毒法　熱水消毒法も試験的に行なってみたが、これも効果は十分にある。四〇年ほどの連作のハウスで行なったが、ハウスが生まれ変わったように処女地となる。初めてハウスを建てたときのようで、それが三〜四年経っても変わらない。

土壌還元消毒法　千葉県の試験で土壌還元消毒法を行なったことがある。フスマを一〇a当たり一t散布して行なったが、トマト一作後の二〇〇本ほどの抜き取り調査で、ネマはゼロ、コルキールートもゼロという数字で、効果は大であった。

定植前のかん水は施肥の前か後か？

耕耘後のかん水は土を締める

太陽熱消毒がすんだら、定植予定日の一週間前から定植の準備に入る。太陽熱消毒で敷いたマルチをはいで、太陽熱処理のときに十分かん水してあれば三～五時間、そうでない場合は五～七時間、十分に頭上かん水する。

なお、元肥を入れて耕耘した後にかん水する方法もあるが、耕耘後だと土が締まって硬くなり、初期生育が大変悪くなる。必ず、かん水→施肥・耕耘の順にする（図3―5）。

たっぷりかん水で、定植後の活着促進

かん水は徹底してやること。七cmの直径で八mくらい飛ぶ水圧を持つかん水チューブ（スミサンスイR）を用いて、上から雨を降らせる要領で五～六時間続ける。長靴で踏み込むとずぶっと沈むくらいにたっぷりやる。

ここで十分にかん水して地下に水を貯金しておかないと、定植後の活着が悪い。そもそも、このかん水の目的は、定植後の「しおれ活着・無かん水」が安心してできるように、水を地下にためておくことである。しおれ活着の条件は、ウネを立てる前に十分にかん水して下層に水分をため、定植時にはベッドの表層を乾かしておくことである。定植後はしおれ活着と無かん水を一カ月前後行なうので、その前に土壌下層に水分を貯金しておくのである（図3―6）。

かん水はチューブで

当初、タキイ種苗では「一株に一ℓずつかん水してください」といったが、これでは手間がかかりすぎてやりきれない。かん水チューブがベストである。

現在使用しているかん水チューブは八m飛ばせると書いてあったため、間口八mの三連棟ハウスなら三本でよい

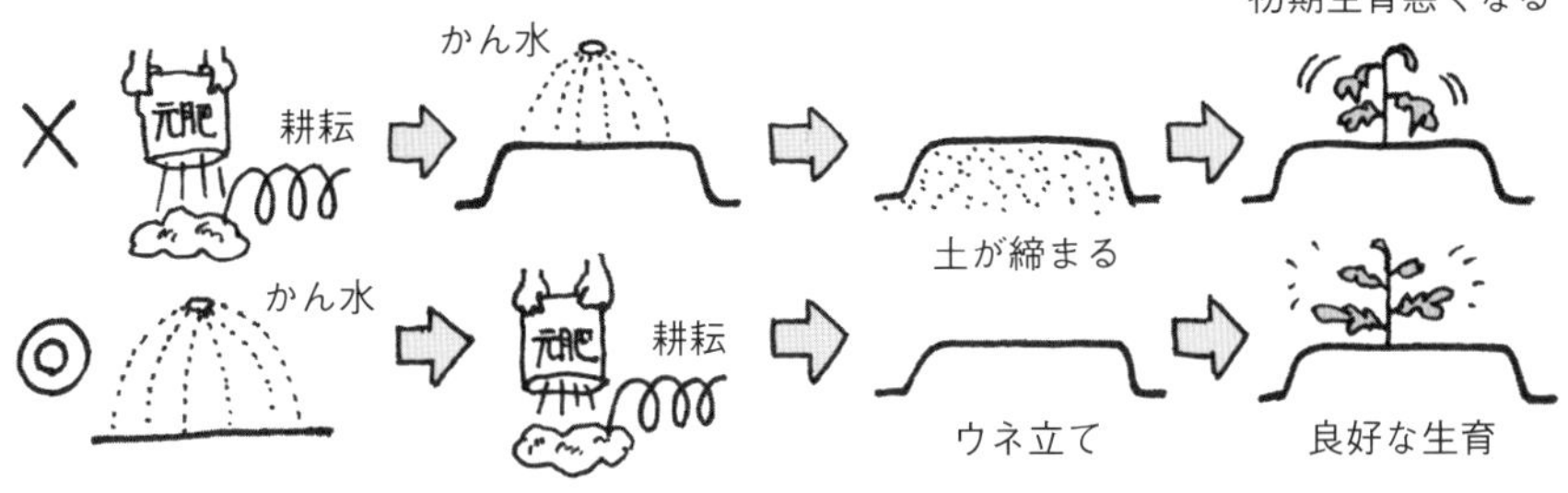

図3－5　定植前のかん水の手順

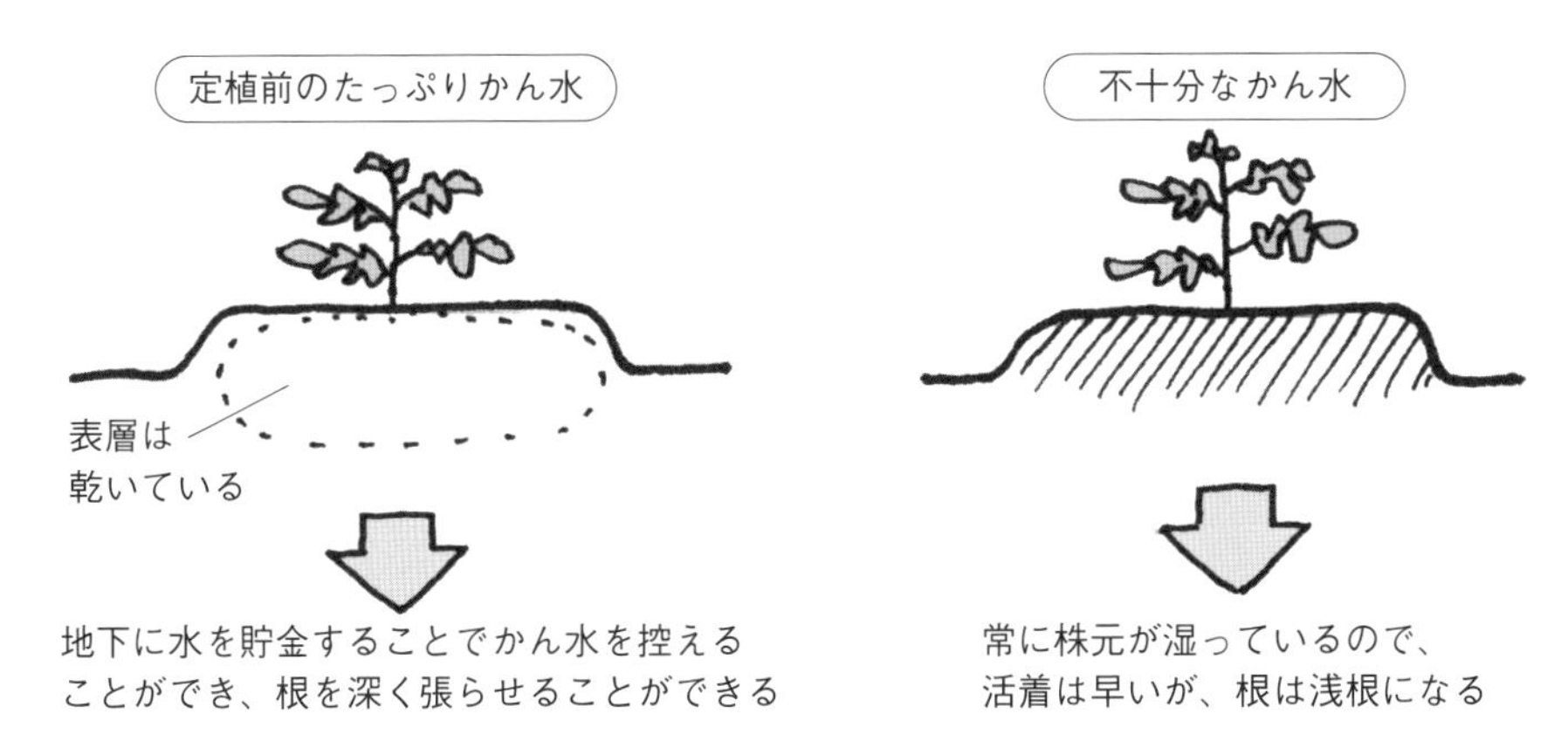

図3－6　たっぷりかん水の目的

と思っていたが、いざ水を出してみると地面のでこぼこもあり、結局一棟で二本、合計六本必要なことがわかった。

私の圃場は砂壌土で乾きやすいので、夏の高温で一両日すると乾いてトラクタが入れるようになる。土壌条件によっては四～五日かかる圃場もあるが、ロータリ耕耘しても土が粘らない状態まで待たないと、土を練ってしまい、排水が悪くなるので注意する。

施肥設計はどうすればいいか？

セル苗はポット苗に比べて元肥を減らしてスタート

若苗で定植するセル苗は、ポット苗に比べるとどうしても樹が栄養生長ぎみ、つまり草勢が強くなってしまう。セル苗で直接定植しても暴れないように老化ぎみに仕立てた場合も同様である。

たとえば、「桃太郎」という名前がついていても、「ハウス桃太郎」はおとなしく、元肥はポット苗の一～二割減でスタートして、三段目以降に追肥として施せばよい。しかし、草勢の強い「桃太郎8」は思い切って元肥を四～五割減にして、追肥に上乗せするようにしなければならない。

ゆるやかにかつ、速やかに

表3―1に、私の施肥例をあげた。

元肥には被覆肥料入りの「果菜専用ロングS149」(ジェイカムアグリ)。畑のリン酸・カリが過剰になっているので、このチッソ主体のロング肥料を使っている。さらに追肥は、ボカシ肥の「エスカ有機」でゆるやかに効かせつつ、作物の様子を見ながら速効性の化成「S604」(燐硝安加里)を使っている(追肥の詳細は98ページ)。

元肥の施肥は、全面散布とし、ロータリですき込む。定植前のかん水―施肥―耕耘・ウネ立ては一連の作業で、土が乾ききらないうちに作業を終わるようにする。

表3―1　トマト施肥設計例

肥料(成分割合)		施肥量(kg)	チッソ	リン酸	カリ
元肥	ロングS149 (21-4-9)	30	6.3	1.2	2.7
	苦土石灰	100			
追肥①(9月1日)	エスカ有機 (3-5-3)	300	9	15	9
追肥②(9月2日)	S 604 (16-10-14)	20	3.2	2	2.8
追肥③(9月19日)	〃	15	2.4	1.5	2.1
追肥④(9月24日)	〃	20	3.2	2	2.8
追肥⑤(10月8日)	〃	20	3.2	2	2.8
合計			27.3	23.7	22.2

ハウス全体を揃った生育にさせるには？

耕耘で表面を平らに、耕す深さを均一にする

耕耘は、表面をいかに平らに仕上げるかということと、耕す深さを圃場全体でいかに均一にするかが大切である。トマトもハウス全体が揃った生育をさせるには、この両方を達成する耕し方が必要になる（写真3―2～5）。

耕耘ウネ立て作業のタイミングは、かん水後の土が、長靴の跡が軽く残るくらいに乾燥したころである。

耕し始めはロータリをしっかり下ろす

耕し始めの部分が盛り上がる人が多い。それは、耕し始めの部分で、ロータリを耕す深さまで下げきらないうちに走り出してしまうからである。均平板が十分に押しつけられない状態で土がかき出されるから、ちょうど耕耘を始めたあたりが盛り上がってしまうのである。一回だけではわずかでも、同じところで同じことをくり返せば、どんどん盛り上がっていく。

私がこころがけるのは、最初は、回転するロータリを耕す深さまでしっかり沈めてから前進を始めること。写真3―5の土壌断面を見てもわかるように、耕した土の厚さは最初から二〇cmほど。表面の盛り上がりもない。こうすることで、表面が平らになると同時に、ロータリの爪が入る深さも揃うので、水分も一定となり、トマトも均一に生育する。

ウネ立ての順序を毎回逆にする

いつも同じ向きにばかりトラクタを進めていると、だんだんに土が寄ってくる。私は、培土板（67、69ページ）を装着してウネ立てするときは、毎回ウネを立てる順番を逆向きにする（図3―7）。

まっすぐ走るには前方を見る

耕耘のときは、まずハウスの柱を基準に、柱の周りを回るように耕していく（図3―8）。柱から離れた列を耕

耕し始めから深さを一定にする方法　（赤松富仁撮影）

写真3－2　圃場の端にロータリを合わせる

写真3－3　ロータリを回転させながら目的の深さまで沈める。ここでロータリを下げきらないうちに走り出すと耕し始めが盛り上がってしまう

写真3－4　均平板をきちんと下げて、耕耘スタート

写真3－5　耕し始め（右端）から深さがぴたりと20㎝に

すときは、前列の耕耘跡の端にロータリの端を合わせながら（サイドミラーなどで確認）耕す。

ウネ立てのときは、耕耘でできた線の先に目標を定めて（ハウスの柱などを目印にする）前を向いたまま進むのが、まっすぐなウネをつくるコツである。その目標が、トラクタのボンネット中央の突起に重なるように進んでいくといい。心配で体をひねって耕耘状態を確認したくなるが、これが曲がりを生む。自分ではまったくハンドルは動かしていないようでも、仕上がりを見ると結構曲がっているものだ。耕耘のコツは、ウネ立ての場合も同じである。

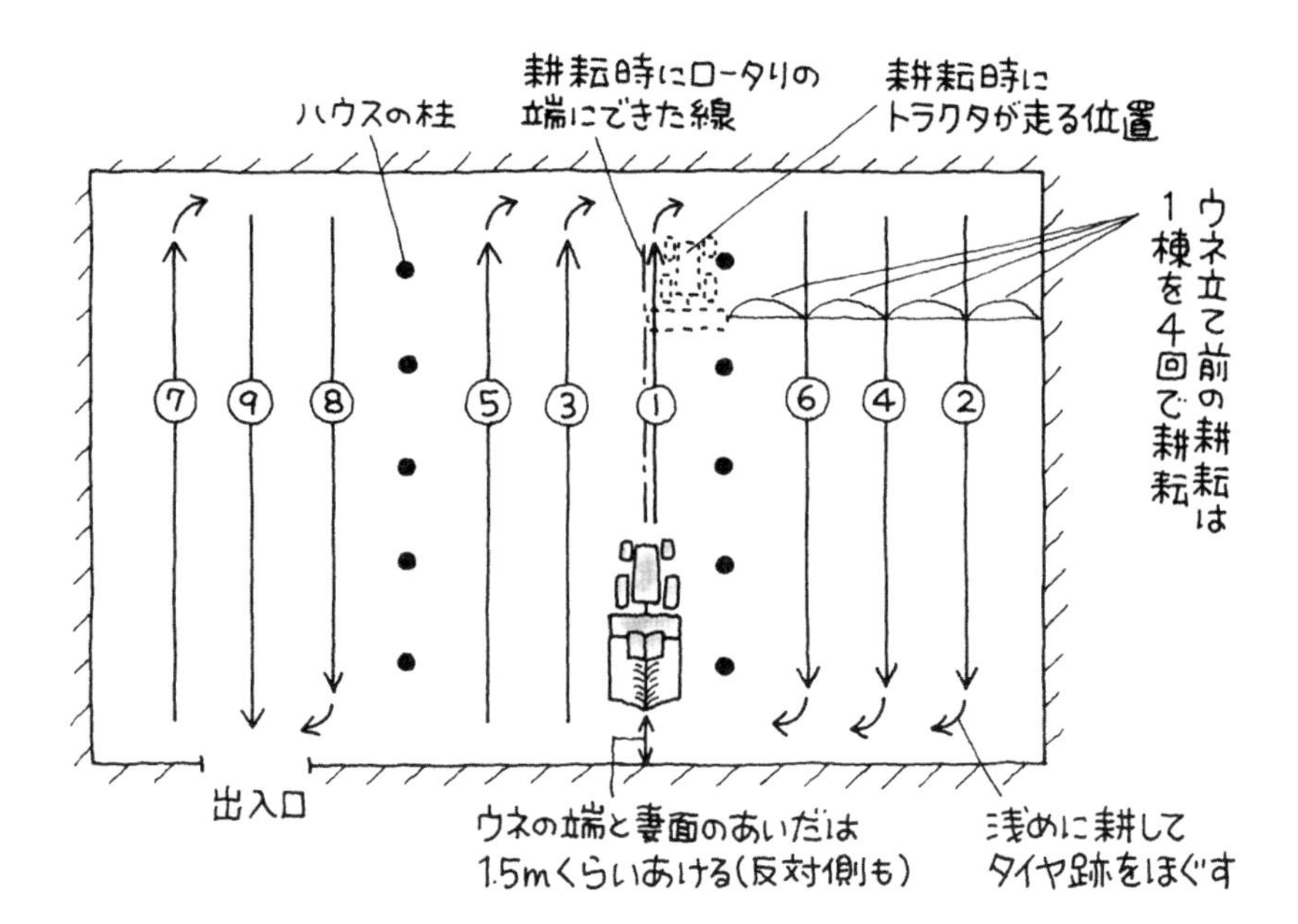

耕耘時にロータリの端にできた線がトラクタの中央になるようにウネ立てしていく。まず、出入口から遠い2棟をセットにしてウネ立て。その後、出入口のある棟をやる。各ウネの耕し終わりは、曲がりながら浅くロータリをかけて、車輪で踏んだ土をほぐしておくと、ウネの端を手作業で整形するのがラク。次回の作では、⑥→①、⑨→⑦をそれぞれ逆向きに進むようウネ立てする

図3－7　ウネ立ての順番

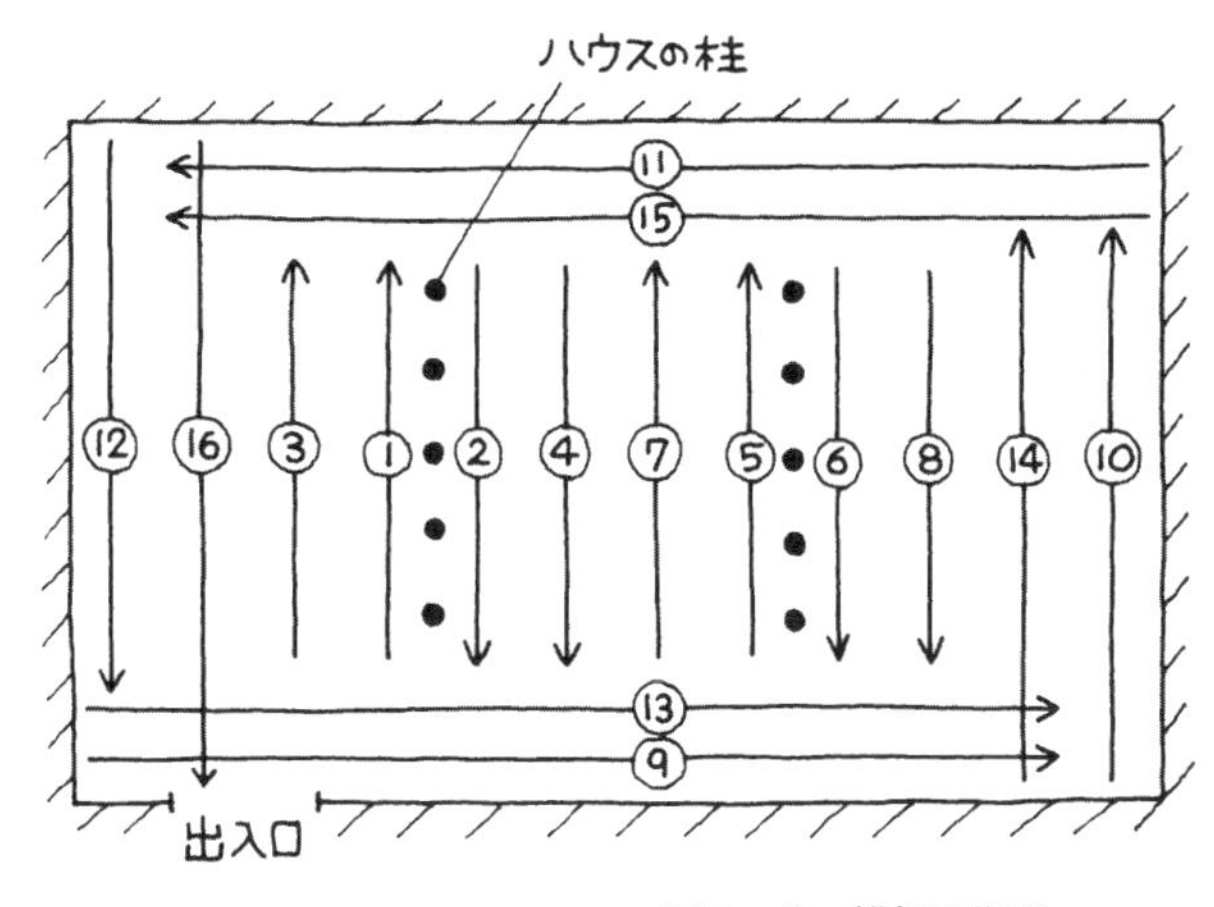

ハウス3棟がつながった連棟ハウス。数字は耕す順番。2棟をまたいで、柱のそばから耕し始める

図3－8　耕耘の順番

ウネ立てをラクにするには？

管理機とレーキを使うのは重労働

トマトは平ウネでもよいが、排水の悪いところはウネ立てをする。

私の地区は砂壌土で、排水はよいが周りが水田であり、生育初期に大雨がくることが多く、雨水が横から入るので、ウネ立てをする。

当地の一般的なウネ立てのやり方は、まずロータリで耕したあと、小型管理機に培土機をつけてベッドをつくる。その後、レーキを使ってウネの形を整える。以前は私もこのようにやってきた。しかしこの作業は安定が悪く、かなりの重労働である。

そこで今では、ロータリの後ろにウネつくり用に改良した培土機を装着し、そのままベッドがつくれるように工夫した（写真3―6、7）。トラクタに乗ったままで、ロータリに培土板をセットしてウネ立てをする。ウネ立て作業の発想を、「土を盛る」ではなく、「土を割る」と変えるのである。これで、一〇a当たり六～八時間はかかっていた作業が、一時間でできるようになった。

アタッチメントを改造して、ベッドがカマボコ状になるようにした。一工程できれいに仕上がる。スタート時点、ターンの仕方を自分なりに工夫研究し、あとで手作業がないように作業ができる（図3―9）。

ロータリと培土板を使えば手作業がいらない

手順は次のとおり。

長靴の跡が軽く残るくらいにかん水後の土が乾燥したところで、ロータリをかけていく。このときに四つのベッドのおよその位置を決めておく。四回うなった継ぎ目のところを割るようにしてウネ立てすることになる。

大雨による冠水を防ぐには両サイドの土は盛らない

間口六・三mのハウスだと、ウネの数は三本である。ふつう、最初のウネは、ハウスのいちばん端と二つめのウネ間の土を盛り上げてつくると考えが

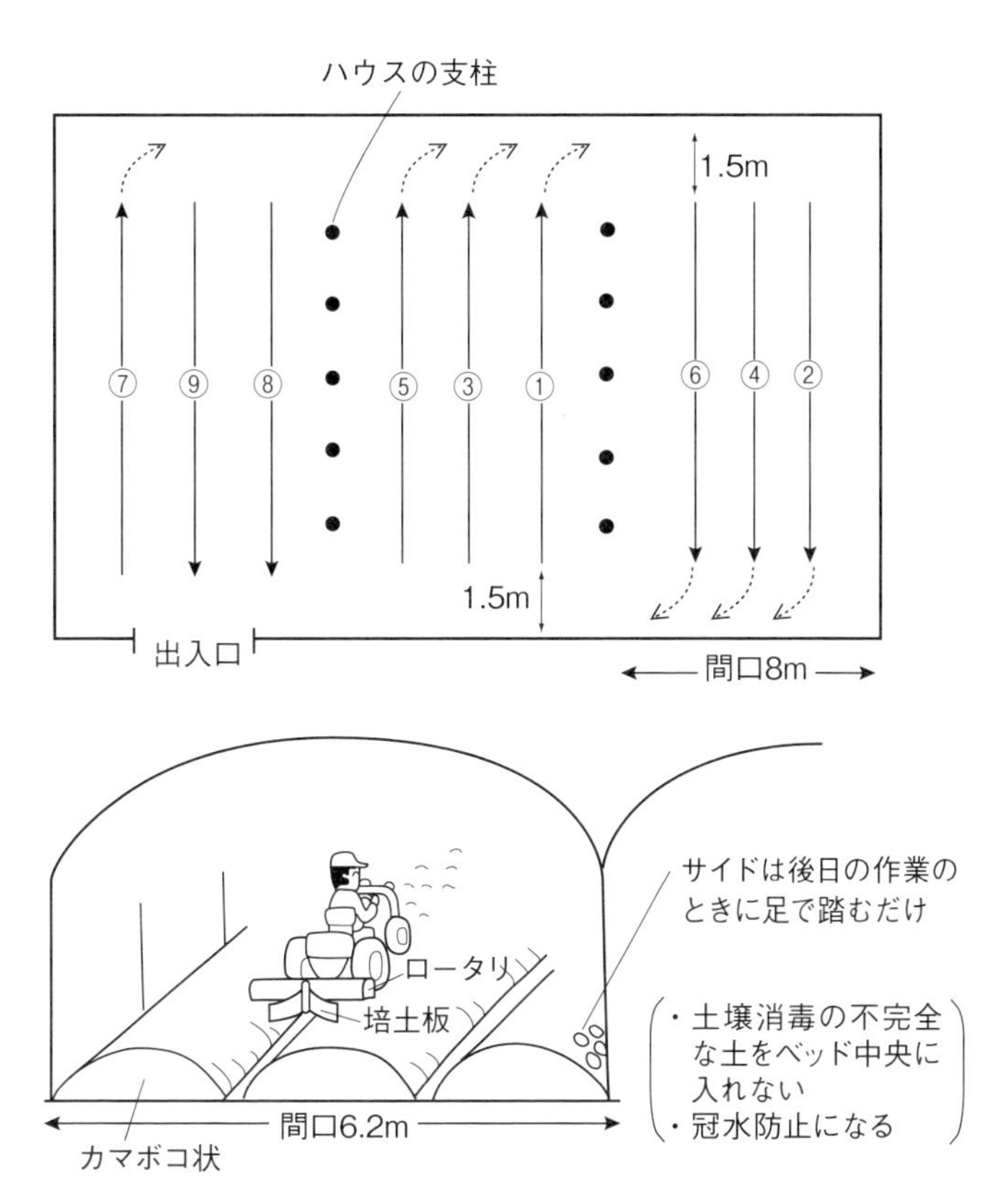

図3－9　うね立ての順番とうねの立て方

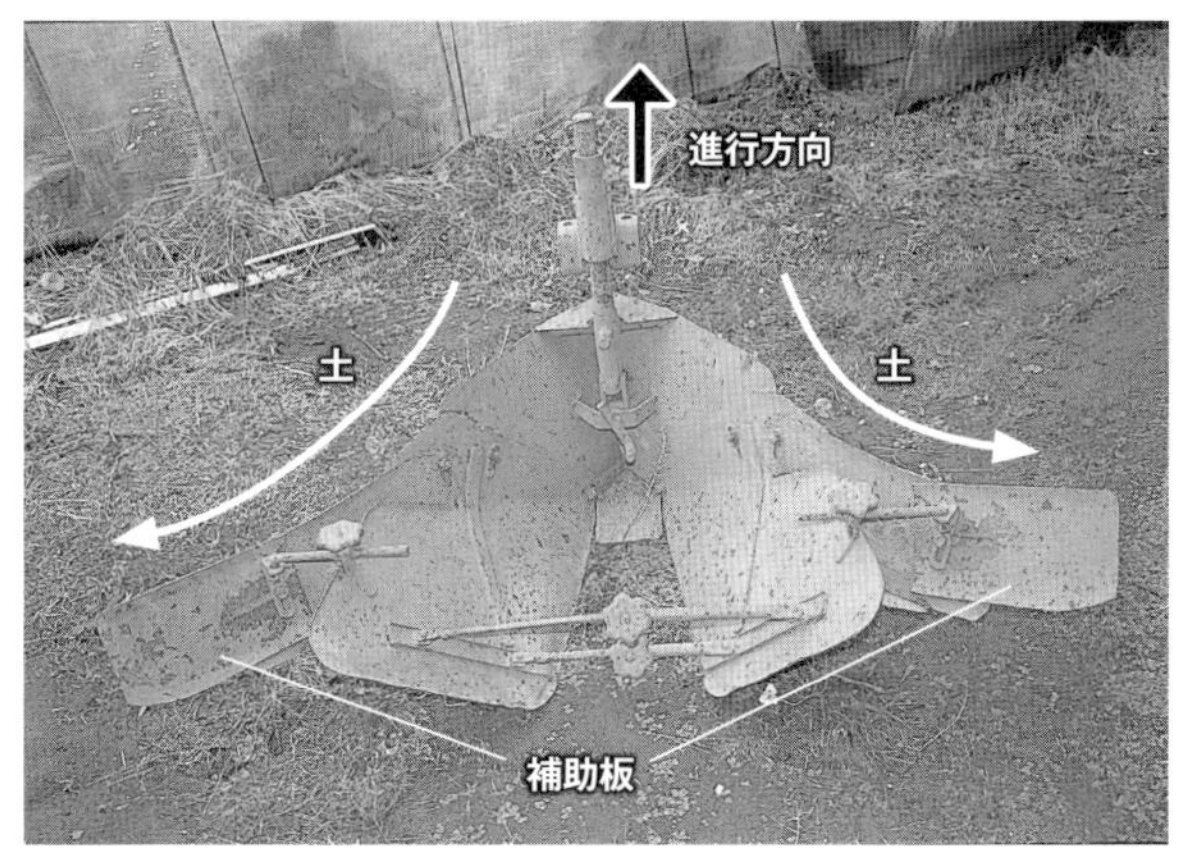

写真3－6　改造した培土板

両サイドに溶接して補助板をつけたのがポイント＊

ちである。しかし、ハウスのいちばん端の土はそのままにし、二つめのウネ間の土を割り、掘り出した土を一つめのウネにあたるところに積み上げるところがミソ。

両側から盛り土するのでなく掘り出した土で盛り土し、続いてロータリ後につけた特製の成形板でカマボコ型のウネに仕上げてしまう。ウネの両側から盛り土するのに比べて、手間は半分ですむ。いちばん端のウネは、後日の作業のときに足で踏むため、自然にへこんでウネの形ができあがる。

いちばん端の土はそのままにして、真ん中よりのウネ間の土だけでウネをつくるのには理由がある。ハウスサイド際は土壌消毒しても不完全になり、その土をベッド中央に跳ね上げれば、病原菌や害虫が無菌状態のところに混じり、病原菌の異常発生につながる。

また、ハウスのサイドの土を上げてウネをつくると、端が深く掘れてしまい、大雨時にはハウスの外の水が入ってきて冠水しやすい。通路に水が溜まると作物は根腐れを起こして減収する。特にトマトは湿害に弱く、ひどい場合は枯死して皆無になることもある。

成形板の工夫

このウネつくりを可能にしたのが、培土板の改良である。「自作ベッドつくり機」とでもいおうか。

通常の培土機は、土を割ってその土を両側に跳ね上げるための羽がついた構造となっている。自作ベッドつくり機は、もともとの培土機の羽に補助板を取り付けて、跳ね上げたウネ間の土を盛り上げてカマボコ状にならしていくように改造してある。これで、ウネをつくるために特別な道具を買う必要はなくなった。

写真3－7　改造した培土板をつけてウネ立て

低段密植、連続摘心、Uターン整枝の利点・欠点は？

トマト栽培にあれこれ方法があるように、さまざまな仕立て方がある。

低段密植栽培

▼尻腐れ果や裂果が出やすいが、短期増収になる

花房一～三段ほどを残して摘芯していく方法で、短期間に密植させた栽培をくり返す。圃場のフル回転・短期増収をねらうにはよい方法だと思う。ただし、早めに摘芯するので玉肥大が急に進むため、コントロールが崩れると尻腐れ果・裂果が出やすくなり、注意が必要である。

連続摘心栽培

▼労力がかかるが、光線がよく当たって品質がよい

花房真下の太い側枝を使って次々と主枝更新をしていく方法で、二花房ごとに摘芯する。側枝を使うので、主枝だと三枚ごとにつく花房が五枚ごとになる。捻枝した花房は、玉肥大・形状・着色をよくするため、光線に当てることがポイントである。

Uターン整枝栽培

▼通風・採光がよく、果実の肥大や品質もよくなる

Uターン栽培の方法として、直立Uターンと、アーチ型支柱を使う複条Uターンがある（図3―10）。

私はおもに一ウネ二条植えの複条Uターンで栽培している。抑制栽培が六～七段程度なので、上部一～二段は交差させ反対側にUターンして栽培する。最上段は通風・採光がよく、果実の肥大や品質もよくなる。

複条Uターンのぶっ倒し方法は、私が考案したやり方で、抑制栽培で後半に寒さが厳しくなると、株を倒して地這栽培とし、トンネルやベタがけで被覆する方法である。直立Uターンの場合は一株ずつ倒すほかないが、複条Uターンであれば、アーチの中央をつなげて固定している針金を、一方の端で支えているパ

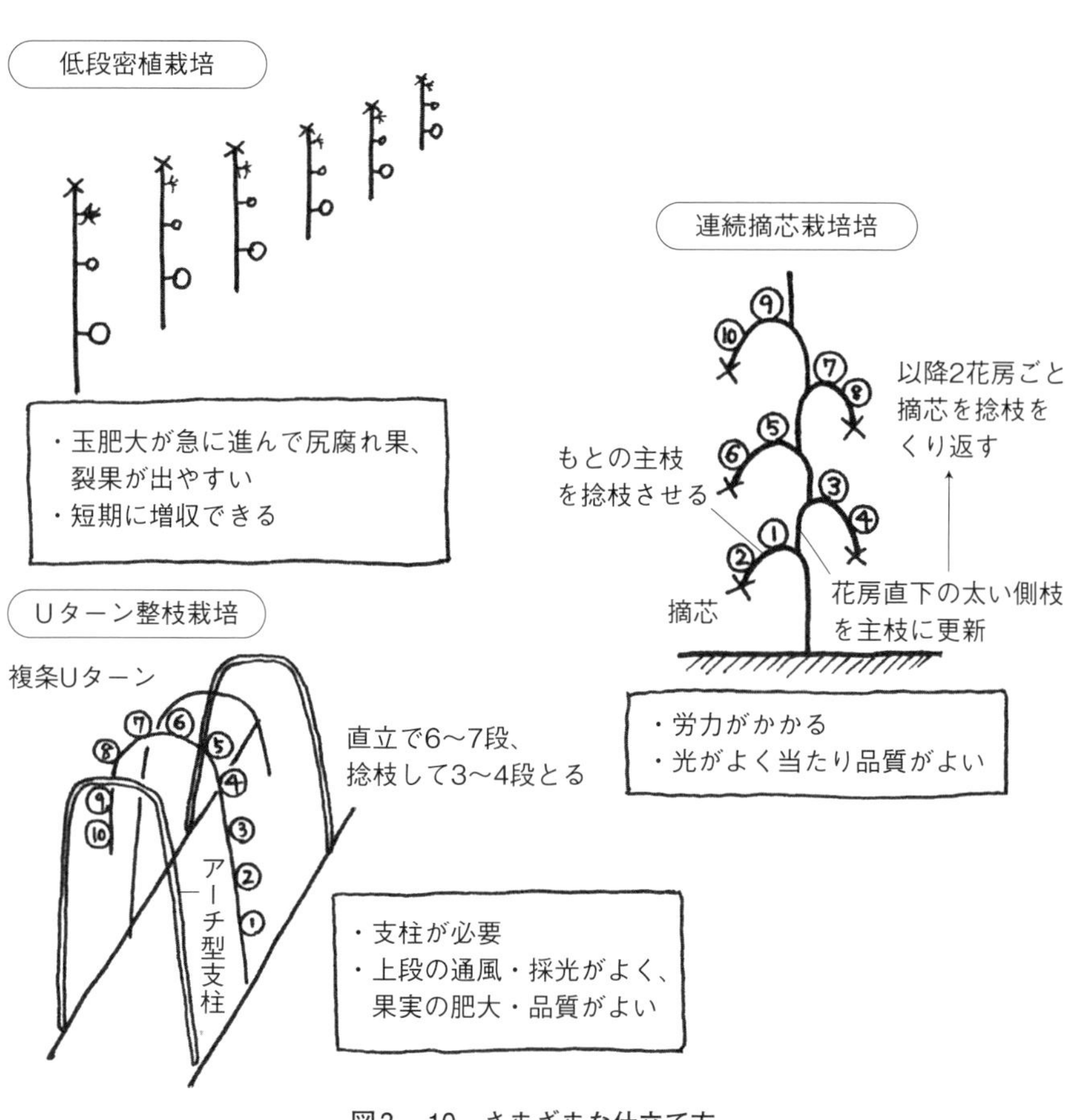

図3－10　さまざまな仕立て方

イプから外してゆるめると、一ウネ五〇mの支柱がツルごと一〇〜一五秒で倒れる。

この方法だと地温でトマトを保護するので、燃料費の軽減につながり、トマトにとっても、もともと匍匐性の作物なので、本来の自然な姿に返せる（ぶっ倒し栽培のやり方は106、107ページ参照）。

自然と農業

よく研修生に、「また親父の農業哲学が始まった」と言われるが、世の中の職業のなかでも自然を相手にする農業は、特に天候などに関係することわざや習慣が多い。現代社会ではわからないことがたくさんある。

たとえば、つる性の植物は反時計回りに伸びる。夕方朝顔を時計回りに誘引すると、翌朝ばらけていて、だれかがいたずらしたのではないかと思うことがある。よく知られている俳句に「朝顔につるべ取られてもらい水」(千代女)があるが、これも左回りだったのだろう。

また水洗便所の水は右回り、水田の水口も右回り。しかしポンプで吸い上げる場合は左回りとなる。

また、動物は気象変動に敏感なようである。モグラが土を掘り上げて移動すると、近いうちに雨が降る。へビの青大将が出てくると雨。朝、アリの大移動があると午後から雨(一部のアリは反対方向に動いている)。

三毛猫の雄は台風を予測する。戦時中、気象予報のないころは、九十九里浜の漁師は、猫を連れて漁に出た。台風の来る日は、そのときに穏やかでも猫は船に乗らないから漁を中止したと聞いている。そのあとは必ず台風になったという。家庭でも、猫が顔を洗うと雨が降ると言っていた。

気象にまつわることわざは多い。「朝雨と女の腕まくり」はどちらも長続きしないから恐れるに足らずということ。十時ごろの雨は午後にはあがるが、三時過ぎの雨は地雨になる(翌日に続く)ともいう。また、「月夜に雲足が早いと台風が来る」ともいい、上空の風で天気を読んだ。

また、九十九里浜沿岸地域では今でも自家水道が多いが、土に鉄分が多い関係で、お茶を飲んだあとの湯呑茶碗を洗うと、お茶のタンニンと鉄が化合して紫色になる。特に雨降りの前日に多い。妻が「茶碗の水が濁ったから明日は雨だ」と言っていたことを思い出す。ただし水が濁るのは雨の前日で、当日には濁らない。これがわからない。蜂が巣を低いところにつくると台風がある。まだ農村には迷信などがたくさん残っている。

この地域では、まだまだ大安吉日だといってトマトやメロンの種子を播く人が多い。人の嫌うことは無理に行なわないほうがよい。日を選ぶことは仕事の段取り、計画のうえでも大事である。暦を見ながら仕事を計画することもよい。そうでないと、だらだらと播種や定植が延びてしまう。予定した日が雨などであれば、一本、二本植えて、植えたことにすればよい。気持ちの問題である。暦を見ながら農業を楽しむこともよい。

第4章

定植から収穫まで 編

栽植密度はどう決めたらいいか？

密植ぎみにすると空洞果
疎植ぎみにすると裂果

栽植密度は、収量、品質（A品率）に大きく影響する。作型にもよるが、密植ぎみで受光率が低いと、過繁茂、徒長し、着果も悪く果実も肥大しない。空洞果も多くなる。反対に疎植ぎみで受光がよすぎると、肥大しすぎて放射状の裂果となる（図4―1）。

一般的には、坪七本（一〇a当たり二一〇〇本）前後の植え付け本数であるが、ふだんの肥培管理や手くせに合わせて決めたほうがよい。

ふだん肥大がよすぎて裂果の多い人はやや密植にし、逆に過繁茂になって光線不足で肥大が悪く空洞果の多い人は疎植にするとよい。空洞果で品質を下げている人の大半は密植が原因である。

ベッド幅を広くして
株間で調整する

私は、間口四・五mのハウスはベッド幅一三〇cm、通路幅七〇cm、株間四五～五〇cmの複条植え。五・四m間口のハウスは、二ベッド四列の単条植えでベッド幅一六〇cm、通路幅一〇〇cm、株間三五～四〇cmにしている（図4―2）。いずれも坪七本（一〇a当たり二一〇〇本）くらいの栽植密度だが、一般よりも株間は狭い。そのぶん、通路が広く株元まで光が十分届くようにしている。通路が広いので作業もしやすい。

私は、ベッド幅や通路幅はどんな品種でもほぼ同じだが、株間で栽植本数を調整する。たとえば、裂果が多く出る品種なら、さらに狭くし、空洞果が出る品種なら少し広くする。またハウスの北側は受光が悪いので、やや株間を広げたほうがよい。

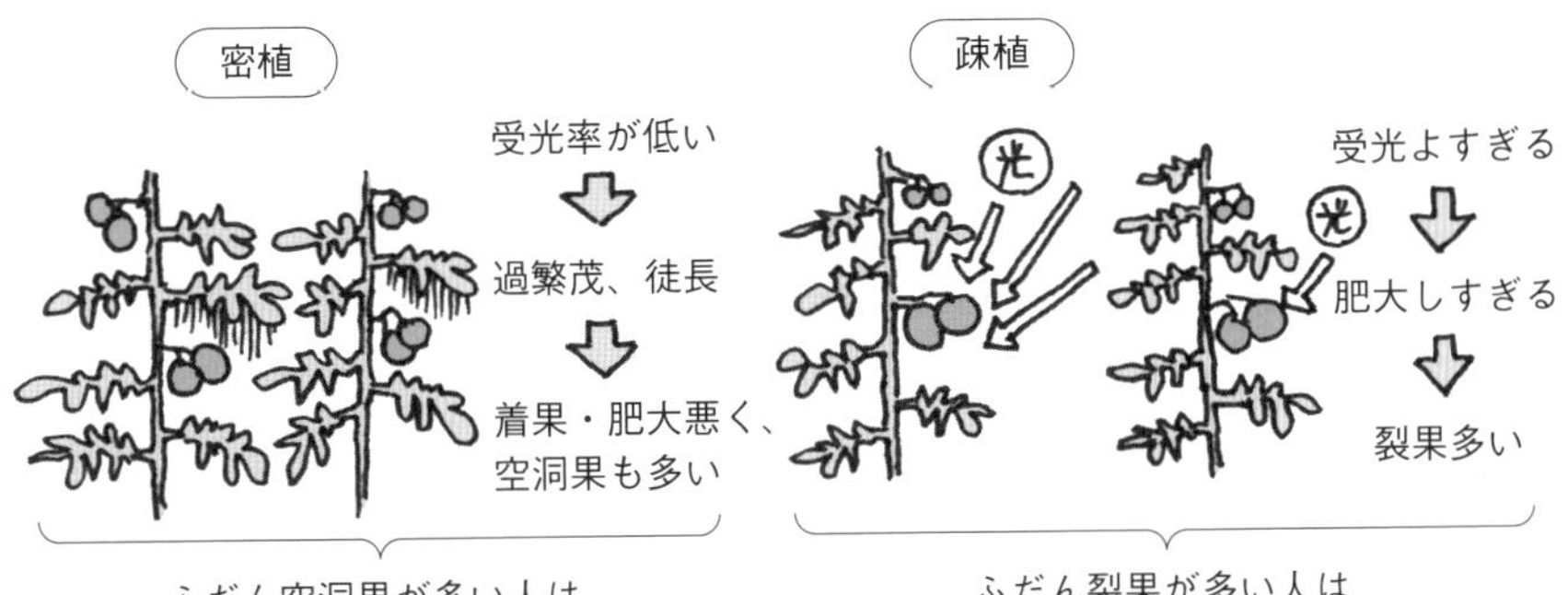

図4－1　密植と疎植の違い

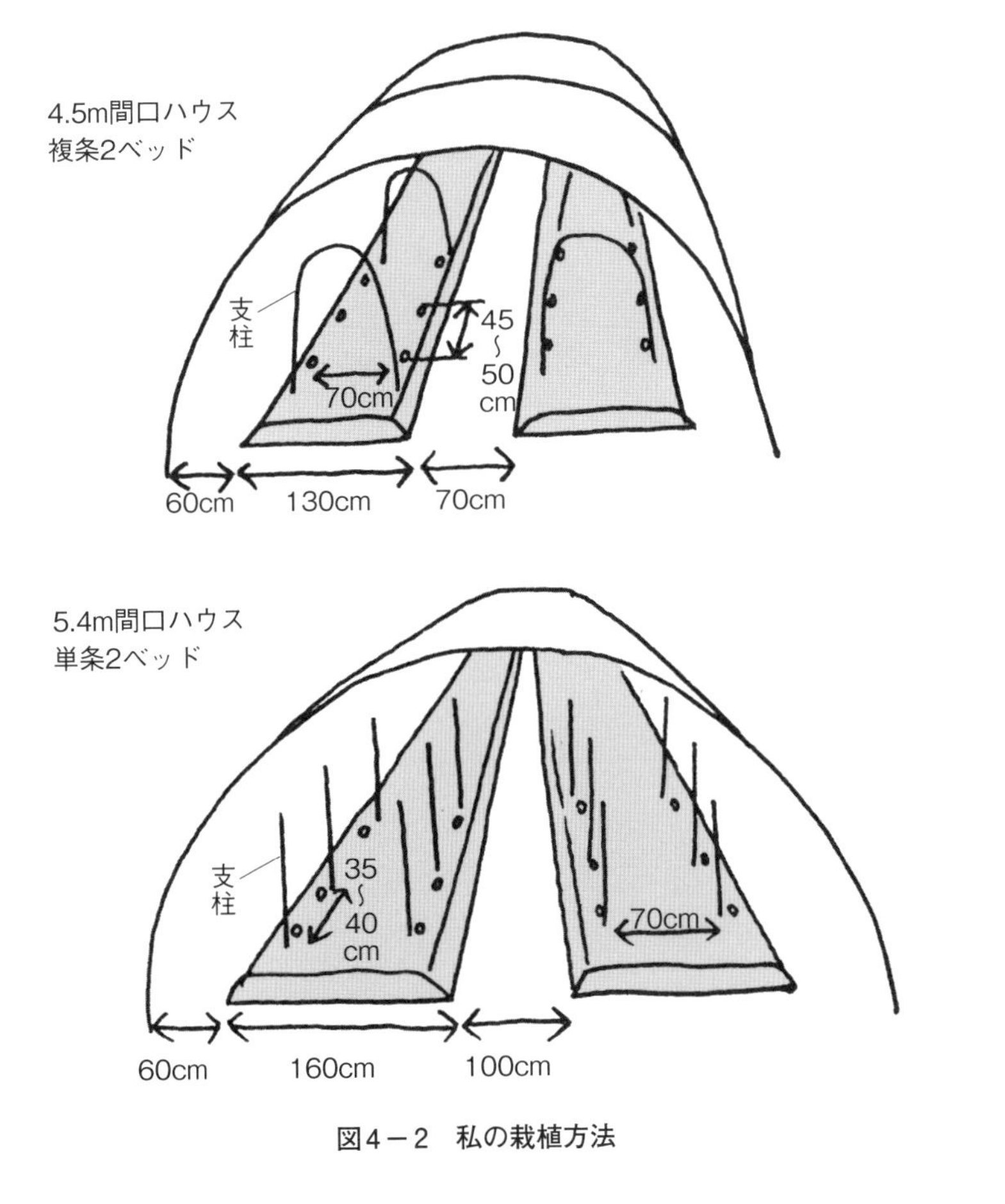

図4－2　私の栽植方法

植え穴位置の決め方は？

棒をベッドに置いて棒で印をする

定植するには、まず植え位置を決め、印をつける必要がある。植え位置を決めるのは、印をつける数が多いだけにいろんな工夫をしてきた。

一般的なやり方は、二mくらいの細い板か棒、竹を用意して、それに株間の距離の印をする、それをベッドに置いて、棒でサッサッと印をする方法である。二条植えの場合は、片側だけに印をつければ、もう一方は反対側から目検討で定植していく。

腰を曲げずに植え穴の印と植え穴が同時につくれる

写真4―1～2は、私がこれまで使ってきたセル苗用の植え位置を決める道具である。棒の先端に木製の錐状の頭部を取り付け、距離を測るために針金が巻き付けてある。

この道具のミソは、距離を測る針金部分にアルミ製の針金を使ったことだ。軟らかくて曲げやすいアルミ製の針金は、植える作物の種類によって株と株の間の距離を自由自在に変えることができる。また、先端にある錐状の頭部は、セル苗の大きさに合わせた太さにして、隣の穴との距離を測りながら、同時に植え穴をあけていくことができる（図4―3）。

使い方は、棒に巻き付けた針金を、設定した株間の距離にセットし、針金の先端につけたテープを隣の穴に合わせて、棒をウネの表面に押しつけるだけ。この作業をくり返していけばよい。ポット苗を使っていたときは、木製の頭部の大きさを変えていた。

腰を曲げずに植え穴の印と植え穴を同時につくることができるため大変重宝する。

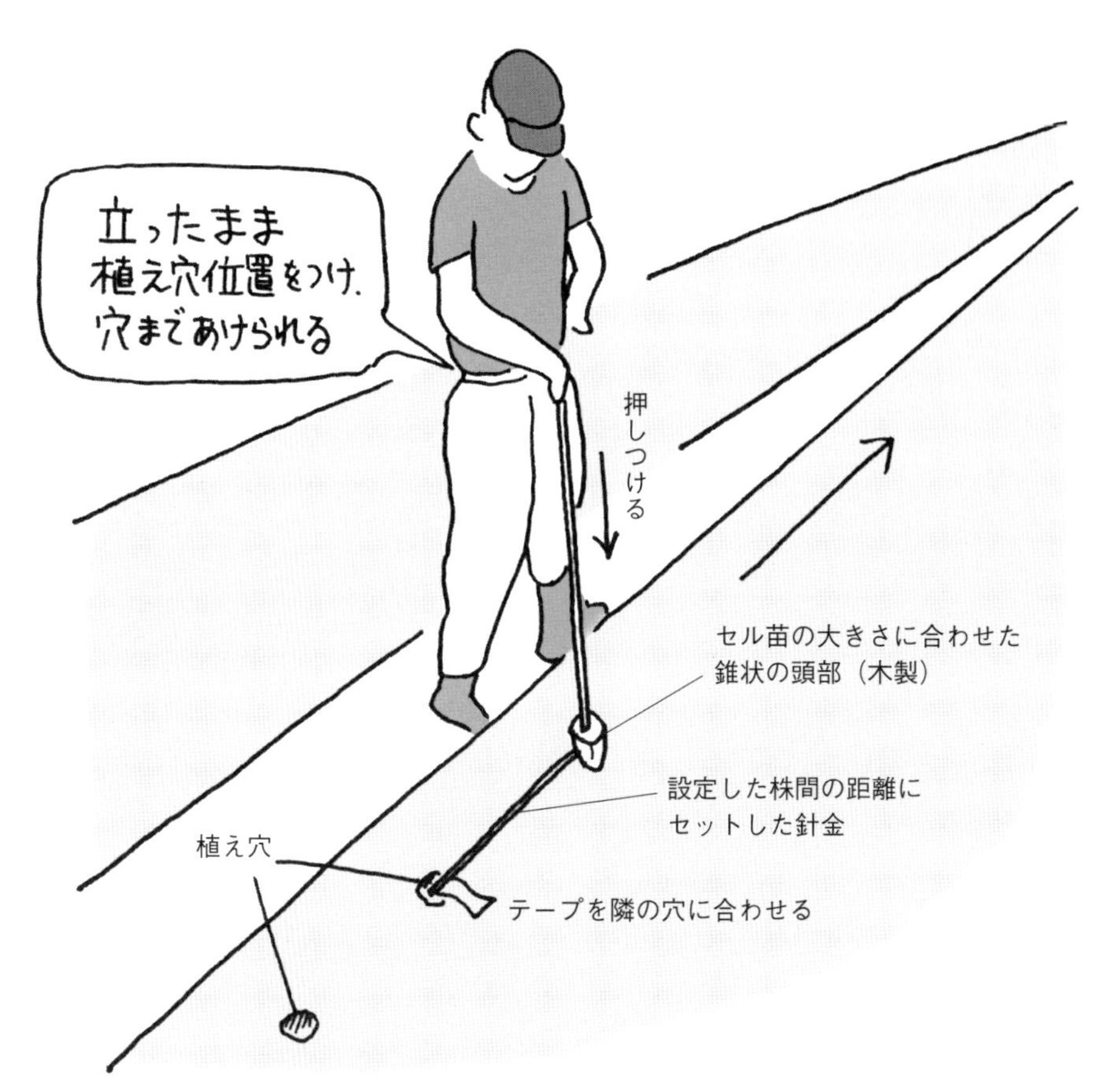

図4－3　植え穴位置を決める手づくり道具の使い方

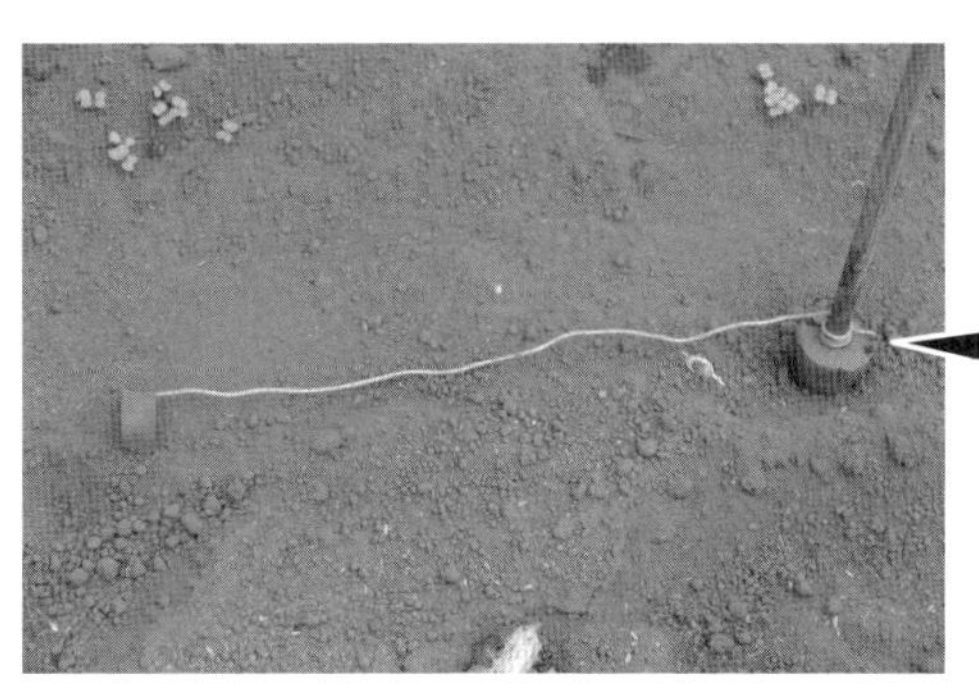

写真4－1　植え穴位置を決める道具
アルミの針金を一定の間隔にセットして、錘状の頭部で植え穴をあけながら定植位置を決めていく*

写真4－2　錘状の頭部
木製で、セルトレイの穴の大きさに合わせてつくっている*

いちばんいい植え方は？

午後から植えよ

ポット苗では、花蕾が確認できる程度となってから定植するが、セル苗では、抑制で三〇日くらい、他作型では五〇日前後で十分に根鉢となり、生殖生長に傾いてから植える。

二月に行なうメロンの定植は晴天で地温の上がる日の午前中がよいが、七月に行なうトマトの定植は曇天無風の日がよい。トマトの場合は、晴天のときには地温が上がりすぎて植え傷みを起こすから午前中は定植しない。午後植えたものは、午前中植えたものと比べると、断然活着が早い（図4―4）。

株元をやや高めにして植える

植え方は、かつてはあらかじめつけておいた定植位置の印の部分に、コナジラミやハモグリバエ対策のスタークル粒剤を一穴一gまき、手持ちの小さな三角ホーで植え穴をあけ、土と農薬をよく混ぜてから定植していた。今はスタークルまたはベリマークを定植直前の育苗トレイにかん注してから定植している。このほうが何倍も早い。

苗は十分かん水してから、ベッドの肩に育苗トレイを置き、トレイを引きずりながら植える。

深植えは禁物で、株元がやや高めとなるよう、図4―5のように、植え穴の土を株元に寄せて軽く押さえる程度がよい。株元が低くなっていると定植後、葉水程度でもかん水をするので、その部分がいつまでも乾かずに高温多湿となって白絹病の発生につながる。また、深植えすると、接ぎ木苗の場合は穂木から発根して自根となってしまう。

植えるときにあまりていねいに時間をかけると、それだけトマトにストレスをかけるのでよくない。

なお、接ぎ木の場合は、使った穂木は子葉のところから芽が出るので、それをトレイに挿して発根させると予備苗として使える。

セル苗では、苗運びも簡単で鉢の回収もなく、活着もよい。

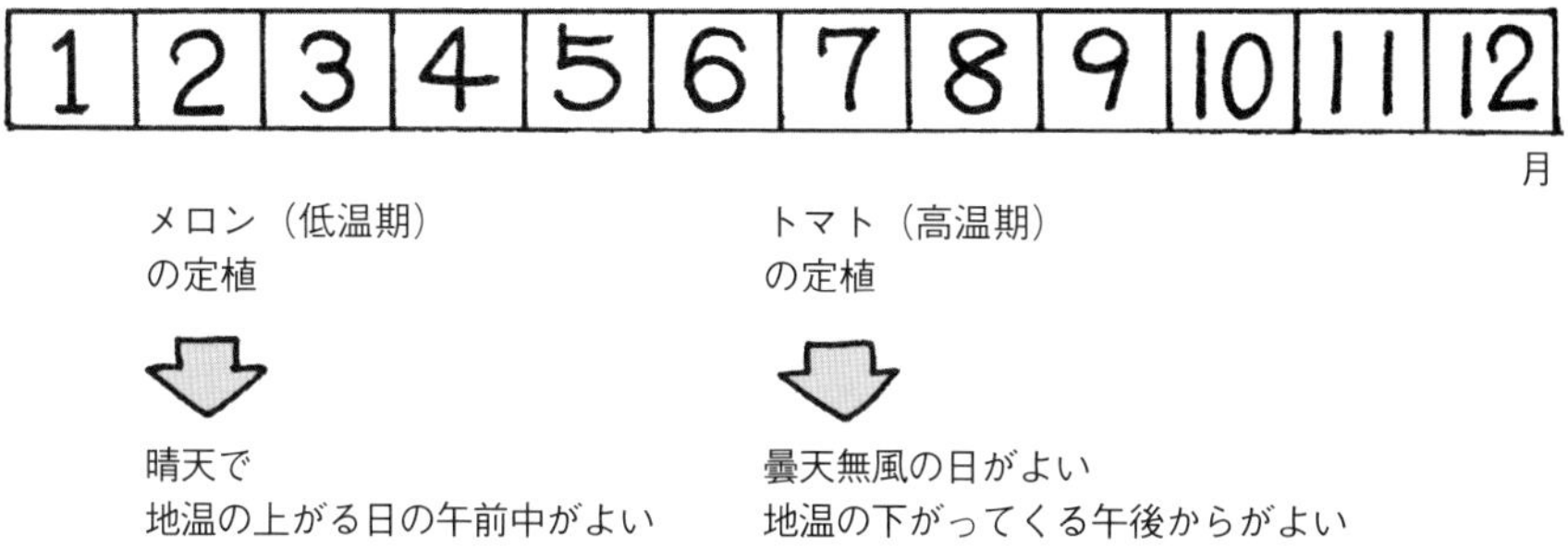

1	2	3	4	5	6	7	8	9	10	11	12

月

メロン（低温期）
の定植

晴天で
地温の上がる日の午前中がよい

トマト（高温期）
の定植

曇天無風の日がよい
地温の下がってくる午後からがよい

図4－4　植えるタイミング

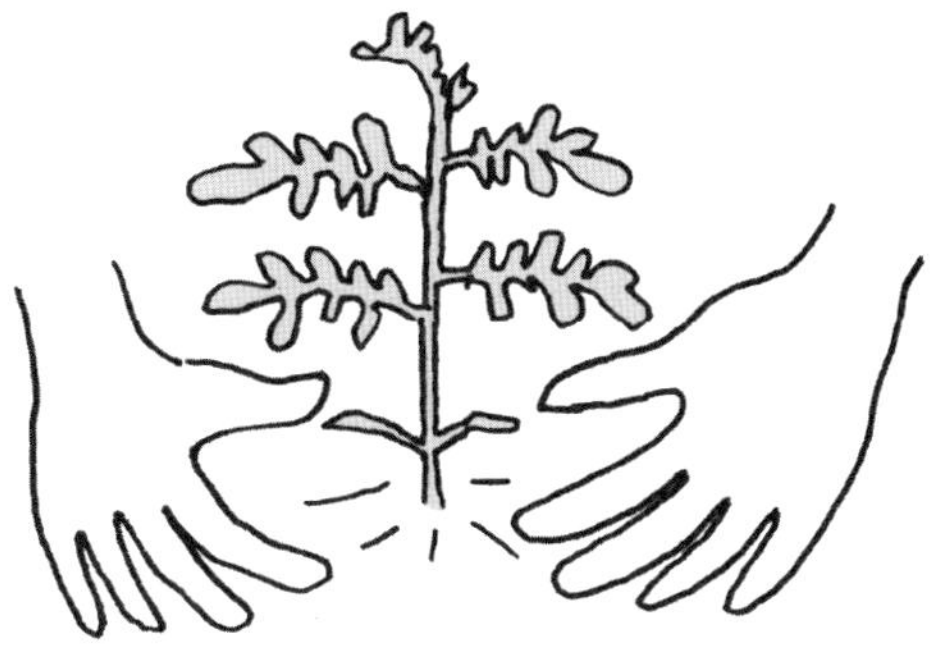

植え穴の土を株元に寄せて軽く押さえる。
株元を少し高くする

図4－5　植え方

マルチは何がいいか？

青枯病は、地温三〇度以上になると急に発病し、蔓延する。ポリマルチをすると地温が上がりやすく発病の危険が高まる。地温を下げるには、敷ワラがいちばん効果的である。

定植後できるだけ早くベッド中央に敷ワラを敷く。一〇a分のワラで三〇aのハウスに敷ける。敷ワラをすると土壌水分も安定する。

根を張らせるには敷ワラがよい

根を深く張らせるうえで重要なのは地温である。高地温では根の消耗が激しく、根が十分伸びてくれない。根を深く張らせるためには表層の地温を下げなければならない。冬や春先の栽培なら、定植時の地温を上げるためにポリマルチを張るが、抑制栽培で地温を抑制するためには敷ワラがいちばんよい。

抑制トマトの活着期に、裸地と白黒マルチ、敷ワラとで地温の変化を調べたところ、敷ワラは変化が少なく地温がいちばん低いことがわかった（図4—6）。

かん水チューブの上に敷けば、病気も防げる

また、私はこの敷ワラの下にかん水チューブを設置している（ベッドの中央部分に一本）。上面に穴のあいたものを使い、最初はその穴を上向きに設置しているので、かん水チューブからは、ワラを押し上げて水が噴き出してくる。これだと、かん水しても泥をはねず、疫病などの病気も少ない。これも敷ワラならではの方法である（図4—7）。

さらに、十一月にぶっ倒し栽培（106、107ページ）をやるうえでも、敷ワラは私のトマト栽培にとって不可欠な資材となっている。

昨年からは、防草シートの利用を考えて試験をしている。近年はタイベックマルチが普及してきたが、価格が高いので、長持ちさせるため上手に使う工夫が必要だ。

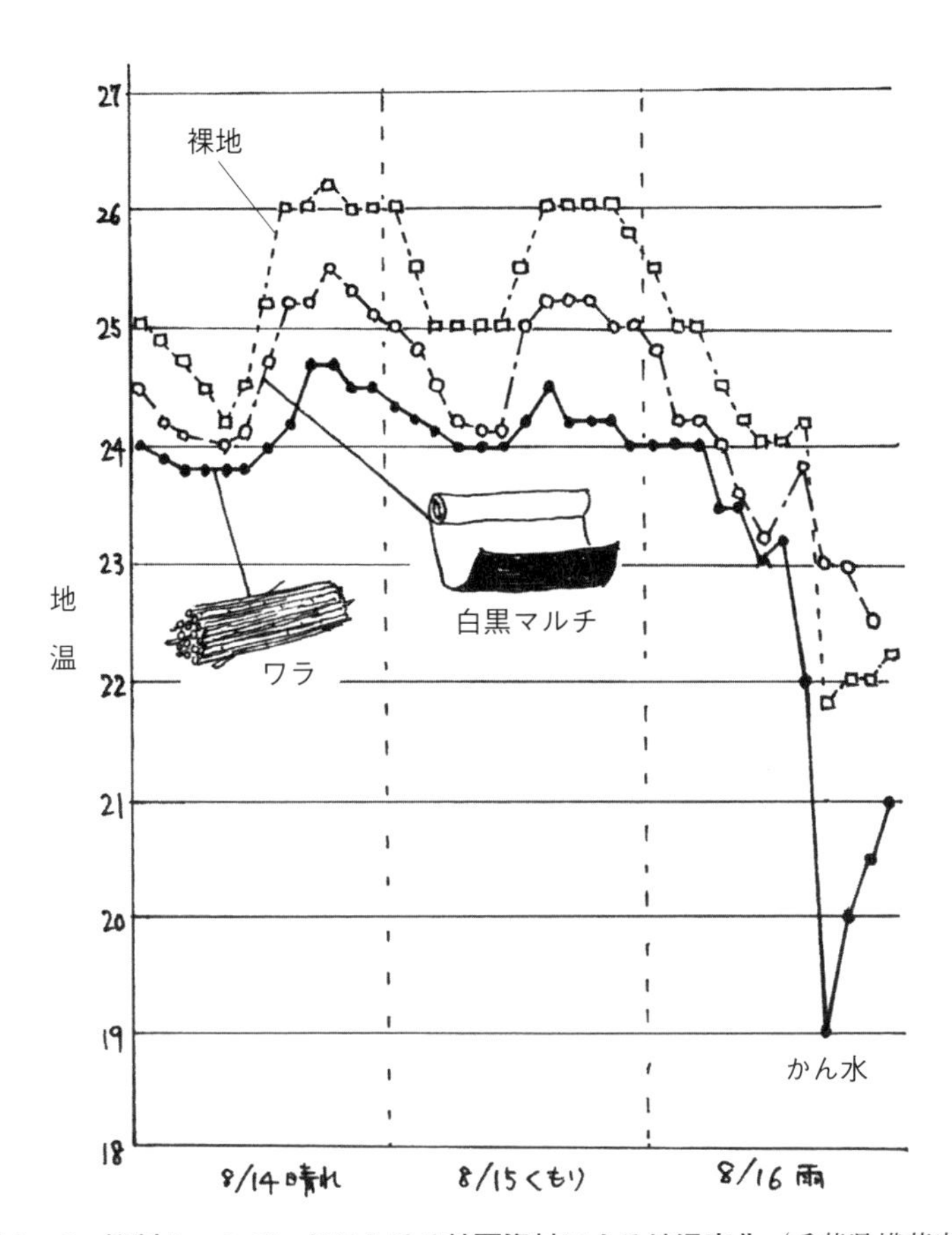

図4－6　抑制トマトベッドにおける被覆資材による地温変化（千葉県横芝光町）

図4－7　敷ワラとかん水チューブの設置

早い活着のためには株元かん水がいい？

株元かん水は根を伸ばさない

定植後一〇〜一二日後には第一花房が開花する。開花する二〜三日前までには完全活着していないと花質が悪くなり、花持ちが悪く着花不良となる。まごまごしていると活着しないうちに開花する。このような花ではホルモン処理回数を多くしないと着花しにくくなる。着花不良となればその後、樹勢が乱れ、異常茎となる。

だから活着は早いほうがよい。だが、そのさせ方が問題である（図4―8）。

活着とは、自力で水分を吸水し葉つゆを持つ状態になることだが、ただそれだけなら水を十分やれば葉つゆを持つ。しかしそれでは根張りが浅くなり、スタミナのある樹はできず、初期の樹勢ばかりが強くなって異常茎発生の元になる。一般に定植後は活着促進に株元に少しずつ一株一株かん水しろといわれており、それが一般的に行なわれている方法でもある。だが、それでは水がいつまでも株元周辺だけに偏ってしまい、上根だけを張らせてしまう。株元かん水は根を伸ばさないのである。

定植後は葉水のみ

私は根を深く伸ばしたいから、定植後一〜二日に葉水を上からかけるだけで、その後はいっさいかん水しない。

私は定植前のかん水で、土壌の下層に水を十分に貯金している（60ページ）。それでもセル苗は培土が少なく、根圏が浅いので、ポット苗に比べて定植後乾きやすい。あまり乾いてしおれるようであれば、午前中のうちに五〜一〇分程度かん水チューブを使って葉水をかける。敷ワラをくぐり抜けるようにしてチューブから水が噴き出し、適当に葉をぬらしてくれる。あるいは、頭上かん水などでハウス全体を湿らせて湿度を保つのもよい。抑制栽培以外は葉水もかん水もいらない。

しおれ活着

高温乾燥の抑制栽培では、日中高温

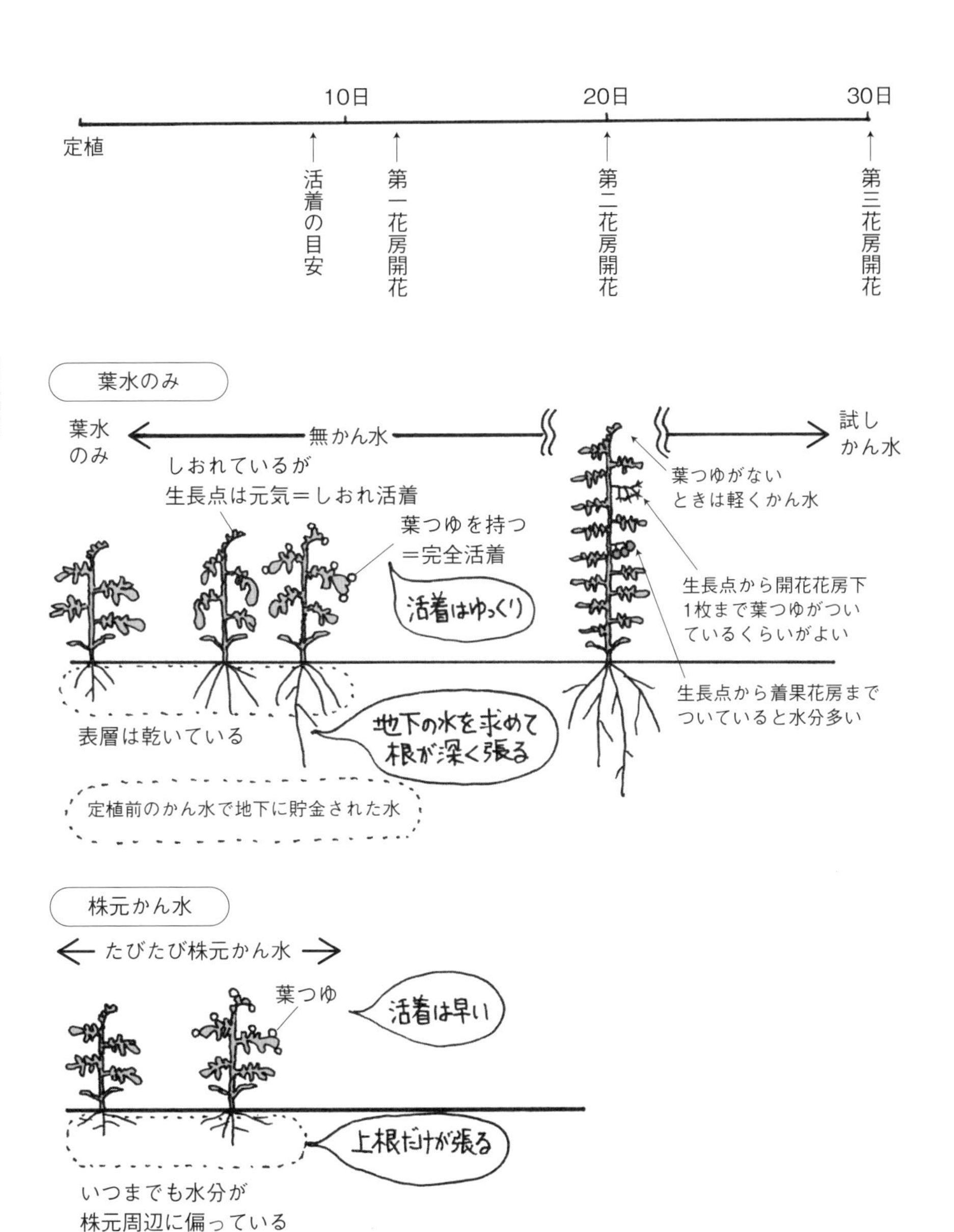

図4－8　定植から第3花房開花までのかん水

時に多少しおれるが、よく見ると生長点は元気である。この状態を私は活着したとみて、しおれ活着と呼んでいる。その後、葉つゆを持つようになれば完全活着である。

この程度のしおれであれば、果実に障害（奇形、チャック、花落ち）が発生するは心配ない。地下に水分と肥料を貯金してあるので、土壌表面は多少乾いても、トマトは水と肥料を求めてドンドン深く広く伸びている。

三段開花まで水も肥料もいらない

活着したら、そのまま三段開花、一段がピンポン玉くらいまでは水も肥料もいらない、施さない。この考え方は抑制だけでなくトマト全般に通じる生理生態でトマト栽培の基本である。

活着をして三段開花、一段目の果実がピンポン玉くらいになるまでは地下に貯金してある水と肥料で十分生育する。じっと我慢。かん水追肥は絶対にしない。あまりにも草勢が弱い場合は二段開花ころに、軽く行なうこともある。朝、葉つゆが開花花房下一枚に見られるくらいがよく、二段果房あたりまであると、水分が多いとみる。

試しかん水

かん水追肥開始の目安は、朝夕の葉色の変化がピークになるときがよい。言い換えれば、このままだと異常茎になってしまうような、と感じるくらいのときがよい（116ページ参照）。樹勢が落ち始めてからでは遅いので、追肥してよいかどうかをまずかん水して判断している。

朝、軽く一五分間くらいウネ中央に設置してあるかん水チューブでかん水する。その日の夕方は、かん水でチッソ吸収が増えるためか葉色がやや濃くなる。しかし、翌朝、葉つゆも多くつき、葉色も薄くなり、太めの先端が細めに伸びてきていれば、トマトが養水分をほしがっている証拠で、かん水追肥開始OKのサインである。それが逆に、今までよりいっそうガッチリとし、太くなり、葉色も落ちないようであれば、追肥はできない。

苗が活着し、葉水が必要でなくなって本格的なかん水期に入ったら、かん水チューブを裏返しにして噴出口を下向きにし、樹をぬらさないようにする。これは、噴出口を上向きにしたままだとトマトの樹をぬらしてしまうことになり、葉カビ病や疫病の要因をつくることになるからである。かん水チューブを上下ひっくり返す際、敷ワラの下に入れたままひっくり返したくなるが、実際はいったんかん水チューブを引き出して裏返しに配管し直したほうが早い。

写真4－3　日に幾度もハウスを見回り、トマトの葉を見ながら、かん水や追肥の判断をする

葉色はどのように見たらいいか？

一日の変化が大きいほど正常な生育

根を張らせるといっても、生育中は根を観察できない。しかし根が伸びているかどうか、生育が順調かどうかは葉色の変化が判断の目安になる。

活着すると、トマトの生長は加速し、日ごとに葉色は濃くなり葉数が増える。最初は黄緑色であった葉が濃くなり、節間も詰まりだす。朝夕の葉色に変化が出て、朝のうちは淡い緑色であった葉も日中はだんだんと濃くなり、同化作用による炭水化物で夕方にはいちばん濃くなる（図4―9）。

植物は夜、その養分を消化し、転流させ、新しい細胞をつくり伸びていく。だから夜中から朝に向けて葉色も薄くなり、生長点が伸びている。育苗のころよく見るとそのことはすぐわかる。昼間はそれほど伸びないが、朝見るとスーッと大きくなっている。そして、葉色は九～十時ごろがいちばん薄くなる。

「イネの七変化」といって、朝に葉色が薄いので穂肥をやろうと思って午後に肥料を持っていくと、葉色は濃くなっていて穂肥ができなかったという話もある。トマトも同じである。

晴天ほど変化が大きく、曇雨天は少ない

葉色の変化は曇雨天より晴天のほうが強く現われるが、トマトの葉色が七変化することは正常で、その色の差が大きいほど健全な証拠だと思っている。葉色に変化があるうちは、活発に同化作用を行なってその養分を植物体や果実に転流している証拠である。

トマト栽培に慣れない方は、葉色の変化がわかりづらいと思うが、朝昼夕の状態を頭の中に焼きつけ、変化を読む力をつけるとよい。

生長点から四～五枚目の若い葉で見よ

葉色も、次に述べる葉つゆも、生長点から下四～五枚の若い葉に変化が多く出る。それだけにストレスがかかっ

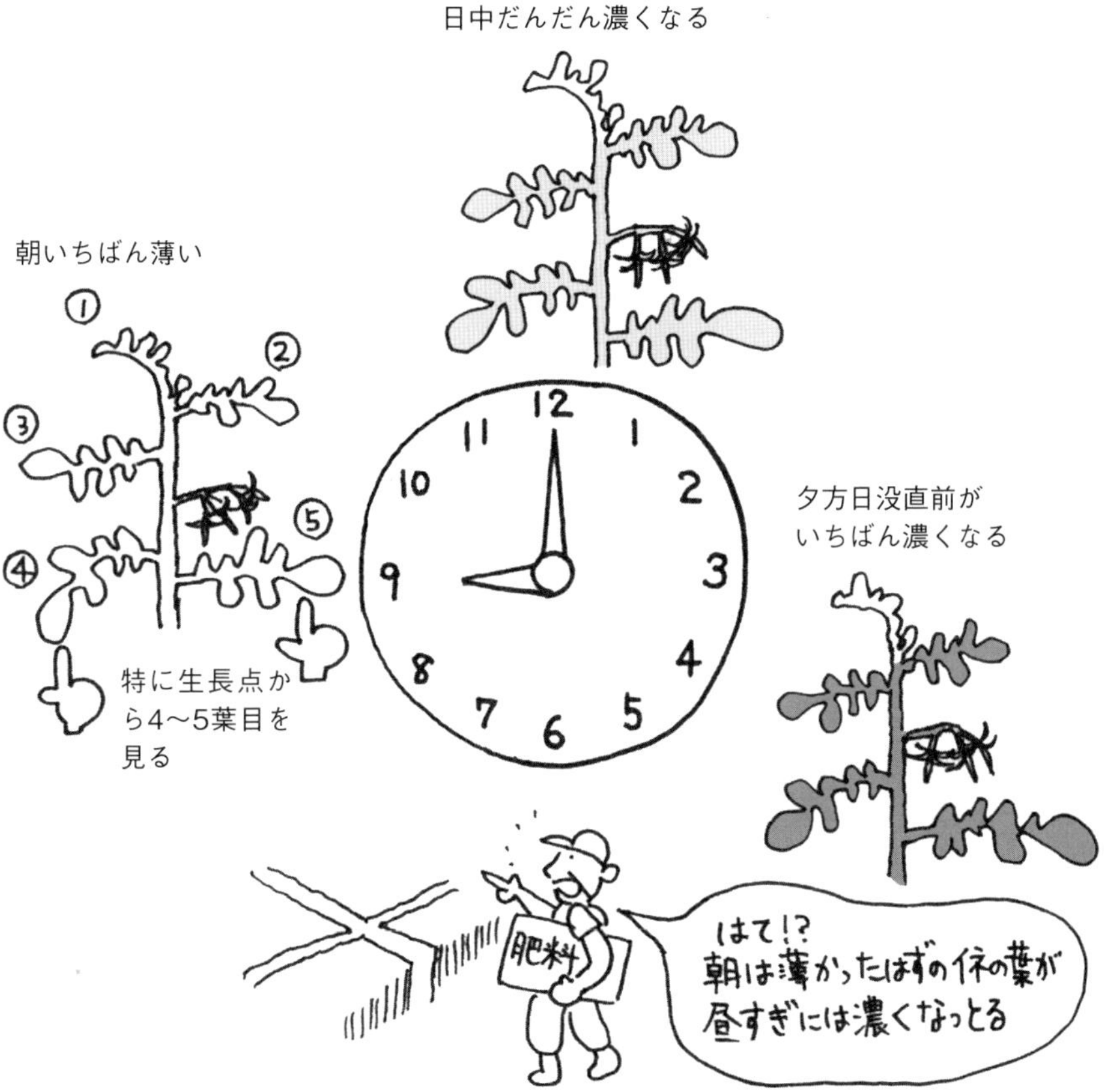

日中だんだん濃くなる

朝いちばん薄い

①
②
③
④
⑤

特に生長点から4～5葉目を見る

夕方日没直前がいちばん濃くなる

肥料

はて!?
朝は薄かったはずの体の葉が
昼すぎには濃くなっとる

図4－9　1日の葉色の正常な変化

たときはここに障害がまず現われる。葉先枯れ、脱色、葉の凸凹、斑点、葉焼け、脱水現象などもここから始まる。それゆえこの位置に変化が現われたら、病気ではなく生理障害と私はみる。

二次現象として、細胞が傷んでいるため病気の発生にもつながってしまう。代表的なのは灰色カビ病である。

次に三次現象が発生して、果実に発症し落果する。そうならないうちによく観察して手当てをしたい。

また、正常な生育なら完全活着後、しだいに葉色の変化が大きくなり、二段開花から三段開花までにピークを迎える。一段果がピンポン玉になるころにはしだいに葉色が落ちてくるが、その直前にかん水追肥を開始する。

葉つゆのつき方で何がわかるか？

根の強さを表わす

葉つゆは葉の縁につゆを持った状態だが、そのつき方は根の強さを表わし、正常な生育のバロメーターといえる（図4―10）。

完全活着してから葉つゆはだんだん多くなるが、かん水をしないまま、第一花房が開花して着果するといったん少なくなり、その後、根が深く張ってくるとまただんだん多くなる。

しかし、葉つゆも多いほどよいわけではない。生育のバランスがなんらかの作用（管理）などで崩れて葉つゆが多すぎると、生長点の葉がカールして翌朝になっても戻らない異常茎になり、芯止まりしてしまう。特に定植一カ月は果実の肥大も早いので、逆にスタミナ切れを起こすと葉つゆをつけなくなってしまう。

葉つゆが多すぎず、少なすぎないはざまで制御することがトマトつくりの醍醐味でもある。朝昼夕細かく見て、追肥かん水を上手に適切に行ないたい。

晴天日は多く、曇雨天日は少ない

葉つゆは天候とも大きく関係があり、日中よく晴れて乾燥する朝には多く、雨天になる日は少なくなる。ただし、同化作用が下がったときは葉つゆを持たないこともあり、さまざまな条件によっても変わる。

これはトマト自体が葉つゆの発生をコントロールしている証拠で、自己防衛の手段であると思う。日中晴れて蒸散が多くなりそうな朝には、前もって葉に水分を上げておくのであろう。やはり、トマトはかしこい植物である。

葉つゆを持つ時間も決まっている

葉つゆを持つ時間も決まっている。抑制栽培の収穫期前では朝七時から八時、日がのぼると光合成が始まってつゆを上げる。夜間に上げることはない。これが五時ごろ上げたとなると、夜間ぬれていたことになり、病気が心

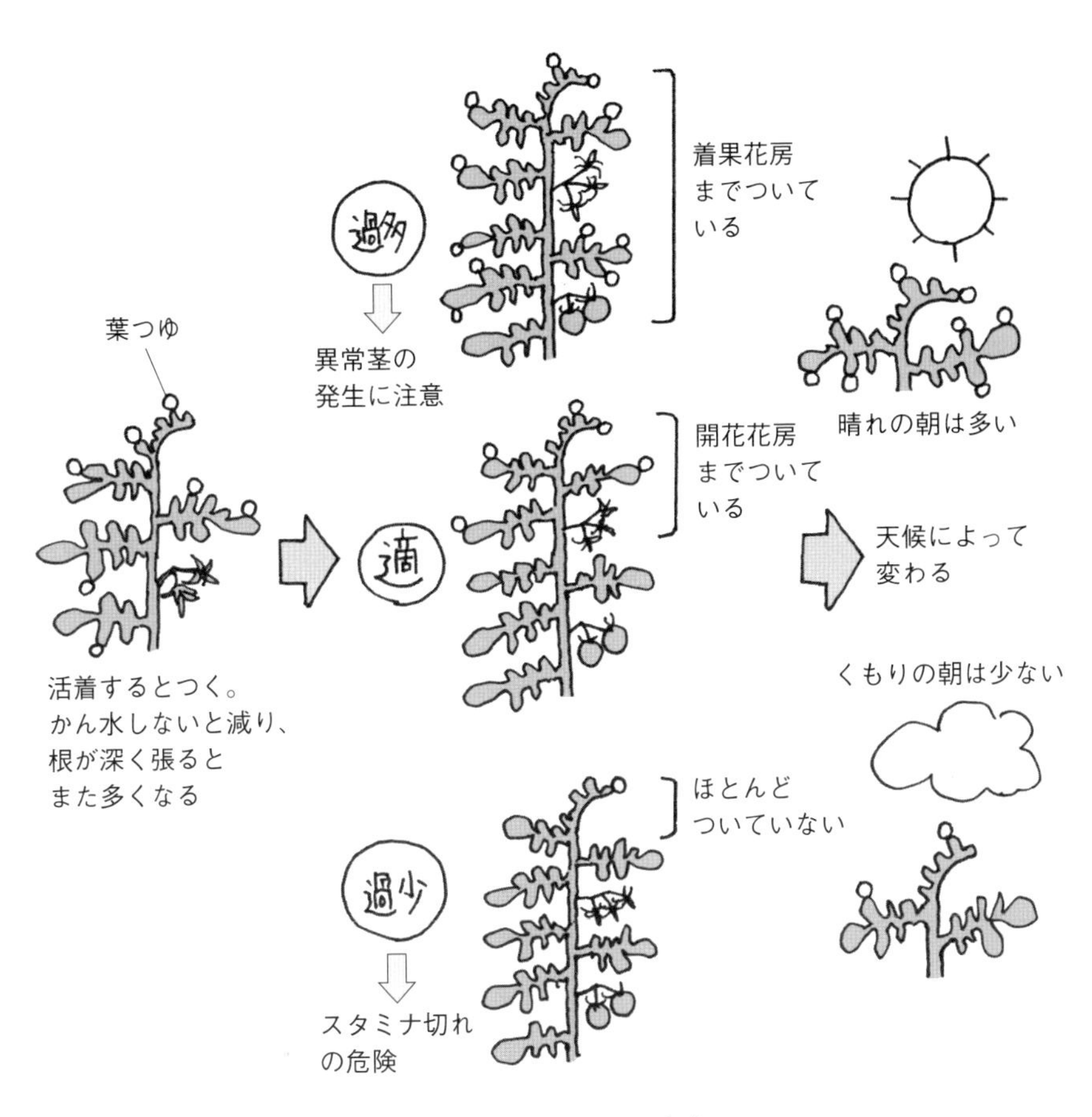

図4－10　葉つゆのつき方

配される。

私は、朝早くから収穫し、葉つゆが出てきたらやめてご飯を食べ、乾いてきたころからまた収穫する。こうすると手袋を多くムダにぬらさずにすむ。

誘引はどうすればいいか？

六～七段以上とるなら工夫がいる

誘引とは、本来匍匐性のトマトを支柱やひもなどを使って立ちづくりにすることで、その方法は作型や地域、人によって多様である。

トマトは六段から七段までの収穫ならば、直立仕立てで十分に管理できるが、それ以上の段数になると工夫が必要となる。

一般には、斜め誘引やずり下ろしが多い。斜め誘引では、ツルの整理作業が煩雑であり、ずり下ろしではどうしても茎や根が傷んでバランスを崩し、空洞果が発生しやすい。

私は複条Uターン、および直立Uターン方式をとっている（図4―11）。直立Uターンは六～七段まで直立仕立てをし、そこで捻枝、Uターンさせてさらに三～四段とる方法。複条Uターンは二条植えでアーチ型の支柱を使い、ウネ中央で交差するようにUターンさせる。いずれも私が四〇年ほど前に考案した方法で、当地域では直立複条が多い。

なお、支柱立てと誘引は、第一花房開花（セル苗は定植後二〇日前後）までにすませておく。開花時に茎葉を動かすとショックで結実が悪くなる。

複条Uターンならトマトに光が十分に当たる

複条Uターン方式は、一ベッドに二列植え。株間四五cmくらいに植え、アーチ型支柱一八〇～二〇〇cmの支柱を二m間隔に立て、横にテープを五段くらい張り、それにトマトをテープナーで結束誘引する。

ウネの両側のトマトが生長し、先端が支柱のところで交差したら、反対側にUターンして誘引する。

通路部は明るく、作業もしやすい。トマトに光線が十分に当たる。支柱の先端で交差している部分は光線が十分当たり、乾きやすく、環境は最高である。Uターン部がゆるやかなので、無

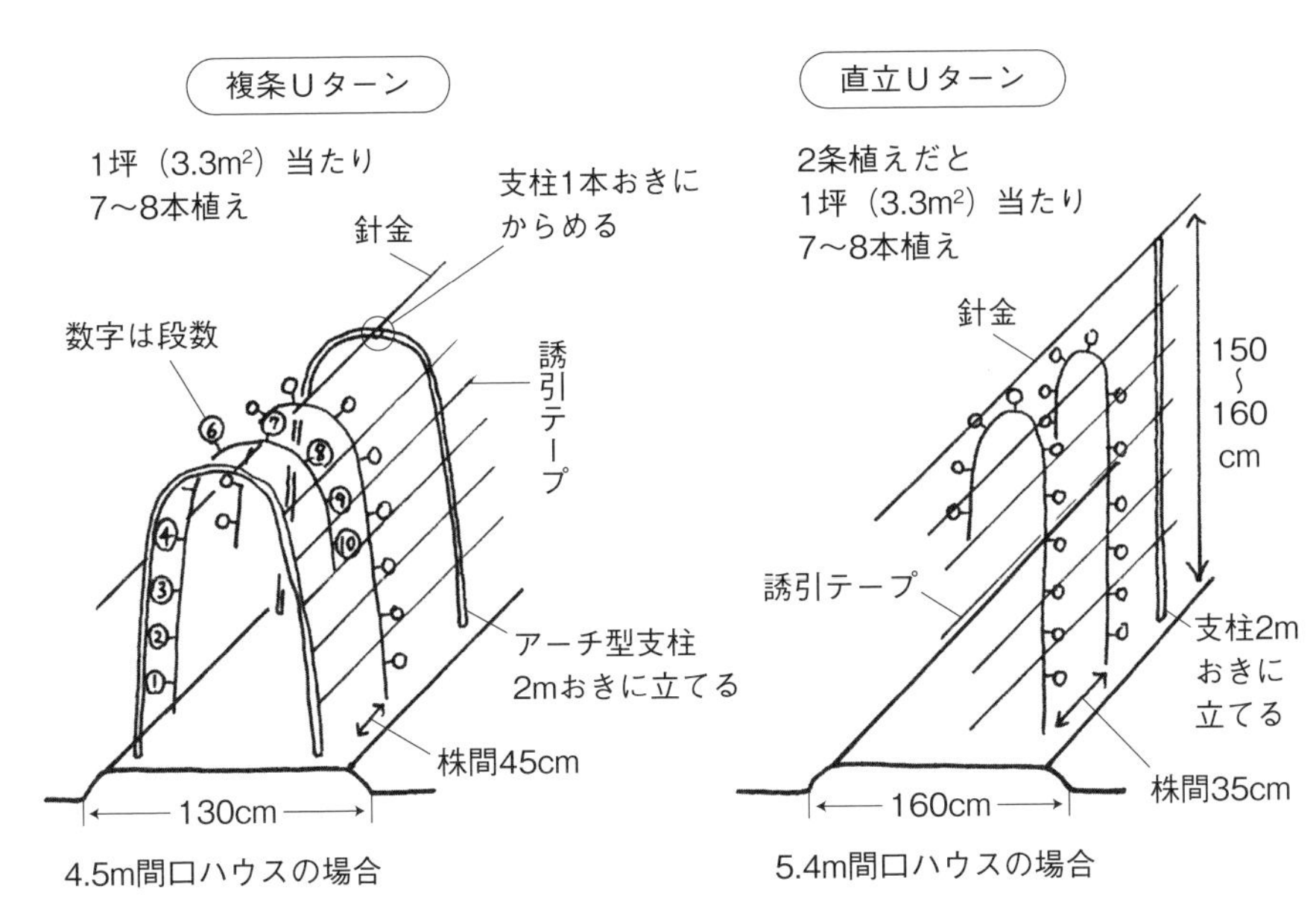

図4－11　誘引方法

理な捻枝はしなくても自然に曲がる。

なお、支柱は自分で考案した道具でつくる。近所や県内産地でもこの道具を持っていて使用している。乗用車の古ホイールをトラクタの部品などにボルトで固定し、パイプの先端を固定するものを溶接しておき、そこにパイプを固定してホイールの丸みを利用して曲げる。二mのパイプ二本を曲げ、その曲がった部分同士を外ジョイントでつなげばUターン方式の支柱のできあがりである。

二mのパイプのアーチだと、追肥のときも、アーチの中を腰をかがめずに歩くことができる。また、使い終わったときも、ジョイントを外せば運び出すのもラクである。

直立Uターン方式

直立Uターン方式は、ウネ幅一六〇cmくらいとし、一条または二条植えとして、直立で生長させ、一五〇～一六〇cmになったとき五～六段の高さからUターンする。そのとき、長ければ横に三〇～四〇cm横に這わせてから捻枝すると簡単に曲がる。

複条も直立も、捻枝する時点になると、下葉をある程度摘葉してあるのでハウス全体は明るく環境もよい。

折らないように捻枝するには?

捻枝は晴天の午後、乾燥したときに行なうとよい(図4—12)。

捻枝位置は生長点から三〇cmくらい下(その部分がいちばん細くなっている)。いきなり曲げてはいけない。茎が折れてしまうことがあるからだ。直立したまま半回転以上ひねり(気持ち的には三六〇度くらいひねる感じ)、離すと倒れる。むりにUターンさせなくても、自然に倒れてくる。果実がつき、それが大きくなると、果実の重量できれいに倒れる。捻枝作業のときに茎が折れても皮が切れない限りは、しだいにつながってくるので心配はない。

捻枝後の果実の肥大を心配する方がいるが、直立よりずっと肥大がよい。

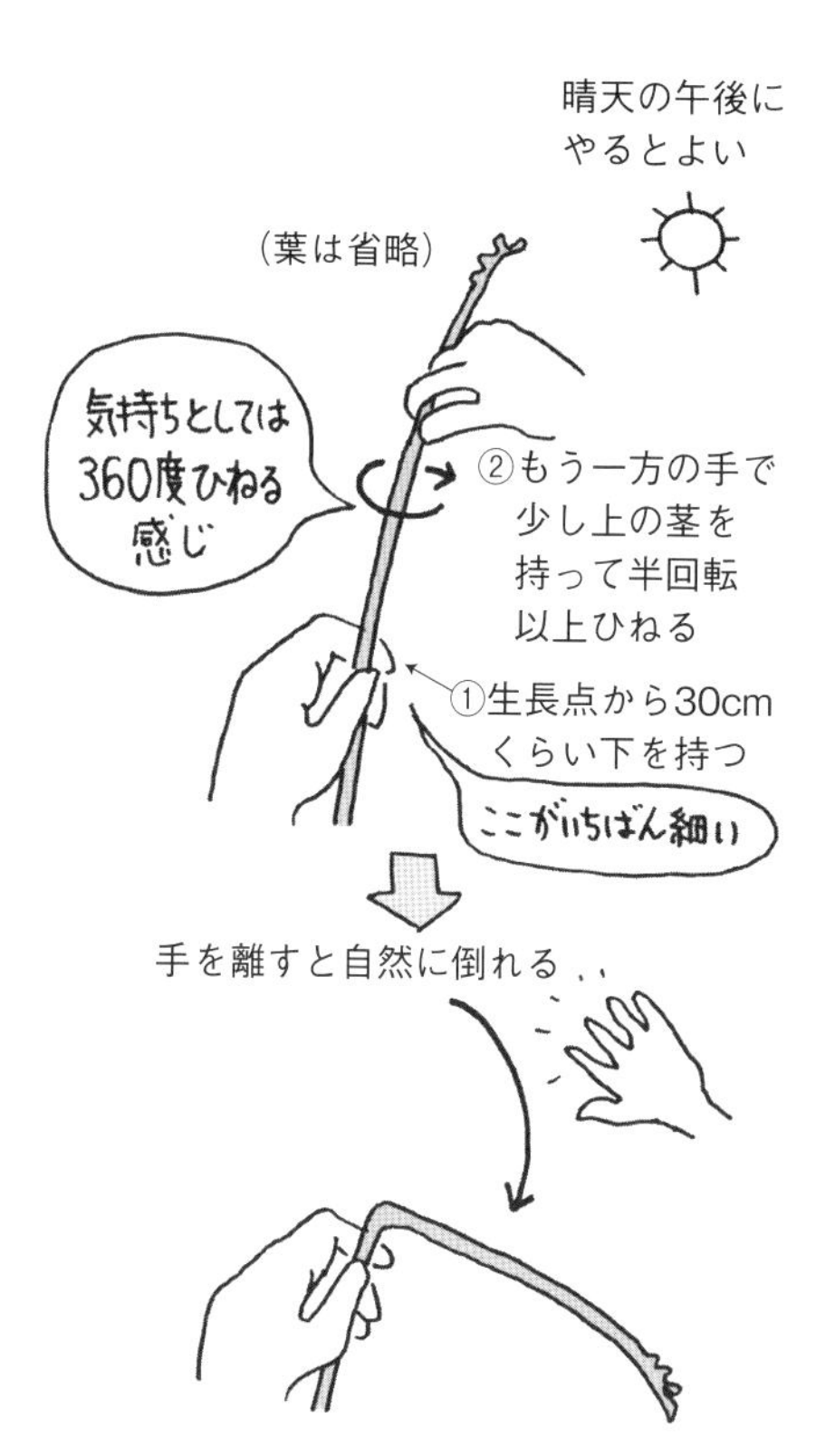

図4―12　捻枝のやり方

Uターンもしないと支柱よりも高く二m以上にも伸びるが、根から養水分を二mの高さにポンプアップするのは、トマトにとっては大きな負担である。一六〇cmでUターンさせて先端部の高さが一二〇〜一三〇cmになると、サイホンの原理でポンプアップする圧力も低くてすむ。養水分の吸収が高まるため、果実の肥大がよい。これは試してみればわかる。

芽かき、摘芯、摘葉はどうすればいいか？

芽かき作業は素手がいちばん

一本仕立ての場合は、側枝わき芽はぜんぶ除き、花芽のみ残す。よく側枝を下からぜんぶ残している人がいる。どれが主枝かわからない状態になると、花にいく養分が少なくなり、花が弱く白っぽくなってしまう。

芽かき作業は、素手で行なうのがいちばんよい（図4―13）。芽の付け根から少し離れた部分を持って、かき取るようにして芽かきする。こうすることで傷口に触れることがないため、病気の伝染防止ともなる。ハサミを使うと傷口に常に触れるため、病気伝染の危険性は大きい。

大きくしてからかけば、草勢を抑えることもできる

ただし、異常茎の心配のあるときはむりに芽かきせず、生長点を何本か残して勢いを分散し、草勢コントロールをする。草勢が強いときは、芽を少し大きくしてから芽かきすることもある。勢いを芽に逃がしてから芽かきするため草勢を抑えることができる。

ただし、その場合でも、花房下のわき芽は花房の養水分吸引力が強いためか勢いが強く、大きくすると花房の発育・玉の肥大が悪くなるので、早めにかく。

私の場合、第一花房から下のわき芽は早めにかき、それ以降は草勢をみながら芽かきをするようにしている。

摘芯は最終収穫を目安に逆算

最終の収穫花房が決まり、最終花房が着蕾すれば、それ以上伸ばす必要はないので、摘芯する。

ふつうは最終収穫を目安に逆算し摘心する。しかし、気温によってかなり違う。最終ホルモン処理してから収穫打ち切りまでの日数は、夏～秋など、生育の速い時期は四〇～五〇日、冬～春など生育の緩やかな場合九〇日と、大きく差がある。

私の地域では、ぶっ倒し栽培（106、107ページ参照）で十二月いっぱい、もしくは一月初めまで収穫を延長するの

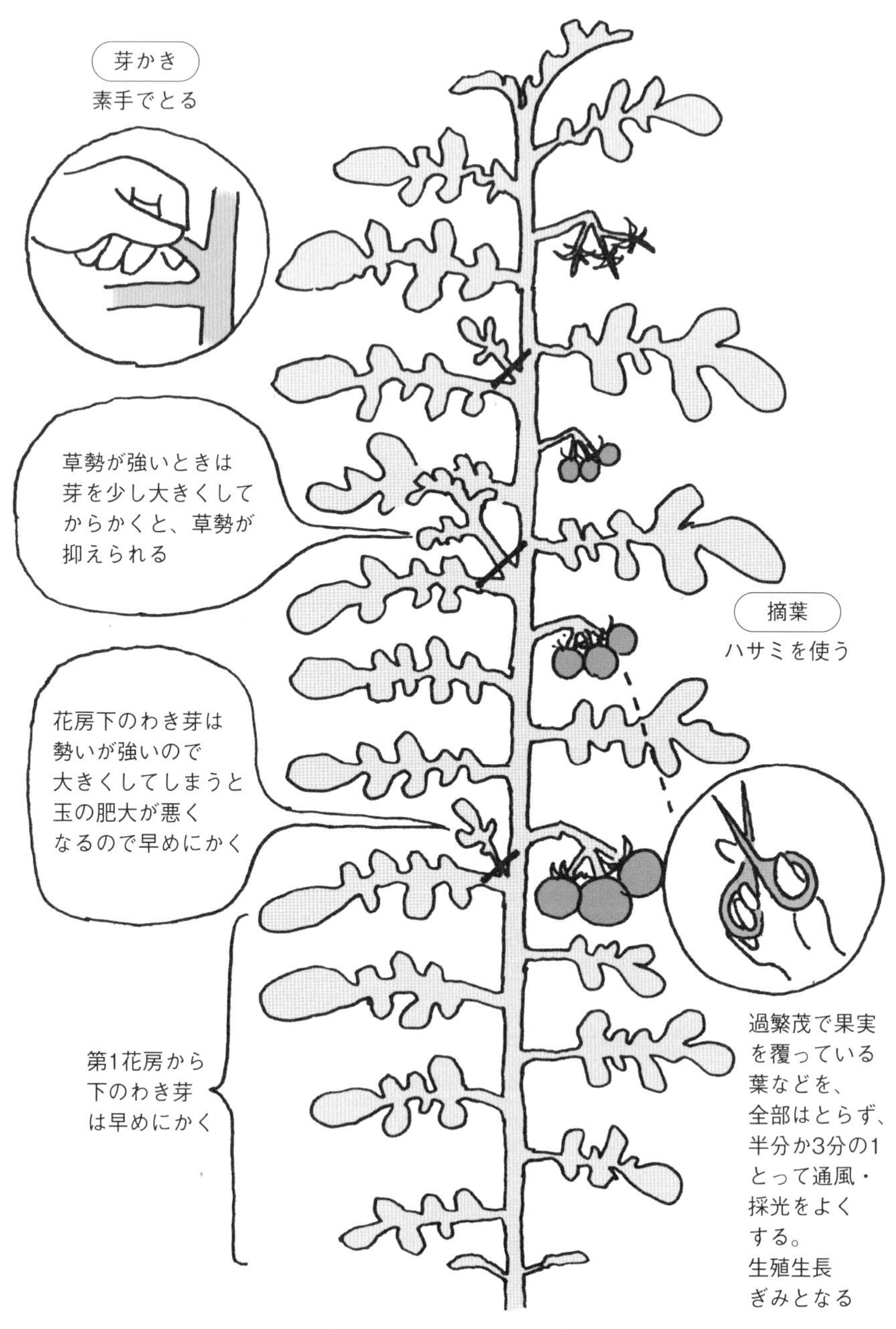

※わき芽は各葉から出るが、この図では省略した

図4－13　芽かきと摘芯、摘葉

で、十月十日〜十五日が最終ホルモン処理となる。摘芯は最終ホルモン処理の一週間前で、十月初めとなる（早い人は九月二十日ごろ）。

摘芯は最終花房の先に葉を一〜二枚残して行なうが、早いほうがよい。生長点部が小さいうちに摘芯すると、養分が花房に多く転流されるので、よい花になり着果しやすくなり着果数も多くなる。遅れると花数が少なくなったり、着果しにくくなったりする。

部分摘葉すれば生殖生長ぎみとなる

通常は一段収穫したらその下は摘葉する。

トマトは完全葉一五枚（一段三枚として五段）あればよいとされているが、葉が大きくて過繁茂となっていれば一三枚くらいでよい。その場合、一葉全部はとらず、半分か三分の一など部分摘葉して通風採光をよくする。こうすると、生殖生長ぎみとなる。

摘葉の際には、ハサミを使う。芽かき作業のようにかいてしまうと、太い葉柄だけに傷口が大きくなり、病気感染の危険性が高まるからである。

摘葉した葉は、基本的にはハウス内から取り出す。しかし、病気などが発生していなければそのままでもよい。トマトの葉は肥料分が多く含まれているので、放っておくと追肥にもなる。これはハウスの外に捨てた葉の部分には、あとに作物、雑草がよく茂ることからもわかる。果実は捨てておいても雑草が繁茂することはない。通路かん水をするときは別として、後半はハウス内に放置した葉がそのまま乾いて、敷ワラ代わりとなる（病害発生圃場の葉は取り出したほうがよい）。

受粉はホルモン処理か、マルハナバチか？

高温時はホルモン処理

セル苗は草勢が強いので、ポット苗以上に第一花房を確実に着果させることが、以後の草勢コントロールのうえで重要である（図4―14）。

私は平成十年からマルハナバチを導入しているが、マルハナバチは三〇度以上の高温になると、活動が鈍って巣箱から出てこない。高温になるとトマトの花粉も出なくなるので、ハチが動いても着果しにくい。当地ではふつう八月末まではハウス内は四〇度以上の高温になるので、八月中に開花する第一、第二花房はトマトトーンに頼らざるをえない。残暑が遅くまで続く年は第三花房までトーン処理が必要だ。

ホルモン濃度は、気温によって違う。高温時ほどよく効くので、最初は濃度を一五〇～二〇〇倍と薄くし、八月末からは一〇〇～一二〇培くらいにする。

散布のタイミングは、花房の半分以上（三花くらい）開花したころに散布する。朝夕の涼しいときに行なう。一花房一回処理が原則といわれているが、四日に一回を目安にしている。黄色いみずみずしい花なら、一回の処理で完全に結実する。白っぽい花は何回かけても着果しにくい。何回もかけたり濃度が濃すぎるとピーマン状の奇形果になったり、生長点にかからなくても後になって生長点がモザイク状に縮れたりする。四日おきに処理すれば、前回処理した花は小豆大に肥大しているので二度がけしないですむ。

マルハナバチはネットを張る

三段花房以降はハチで行なう。あとはハチ任せだが、農薬散布に十分に注意しなければならない。

また、マルハナバチはミツバチと違って、帰巣本能が乏しいのか、ハウスから出ると帰ってこられなくなるものが多い。マルハナバチを利用するときは図4―15のように、パイプハウスとパイプハウスの間の通路にマルハナネットで天井とサイドをふさぐとよい。こうしておくことで、マルハナバチはパイプハウス間を行き来して受粉してくれる。マルハナネットを使う以前は、ハウスのサイド全面に目の細かい防虫ネットを張ると、換気作業でビニールを開閉する際に、マルハナバチを挟み込んでしまう事故が絶えなかった。マルハナネットはこの問題も解決してくれた。

ただ、西洋マルハナバチは国内の生態系を乱すという問題で規制がきびしくなっている。在来のクロマルハナバチなどの利用が考えられていて、私も試験利用をしている。

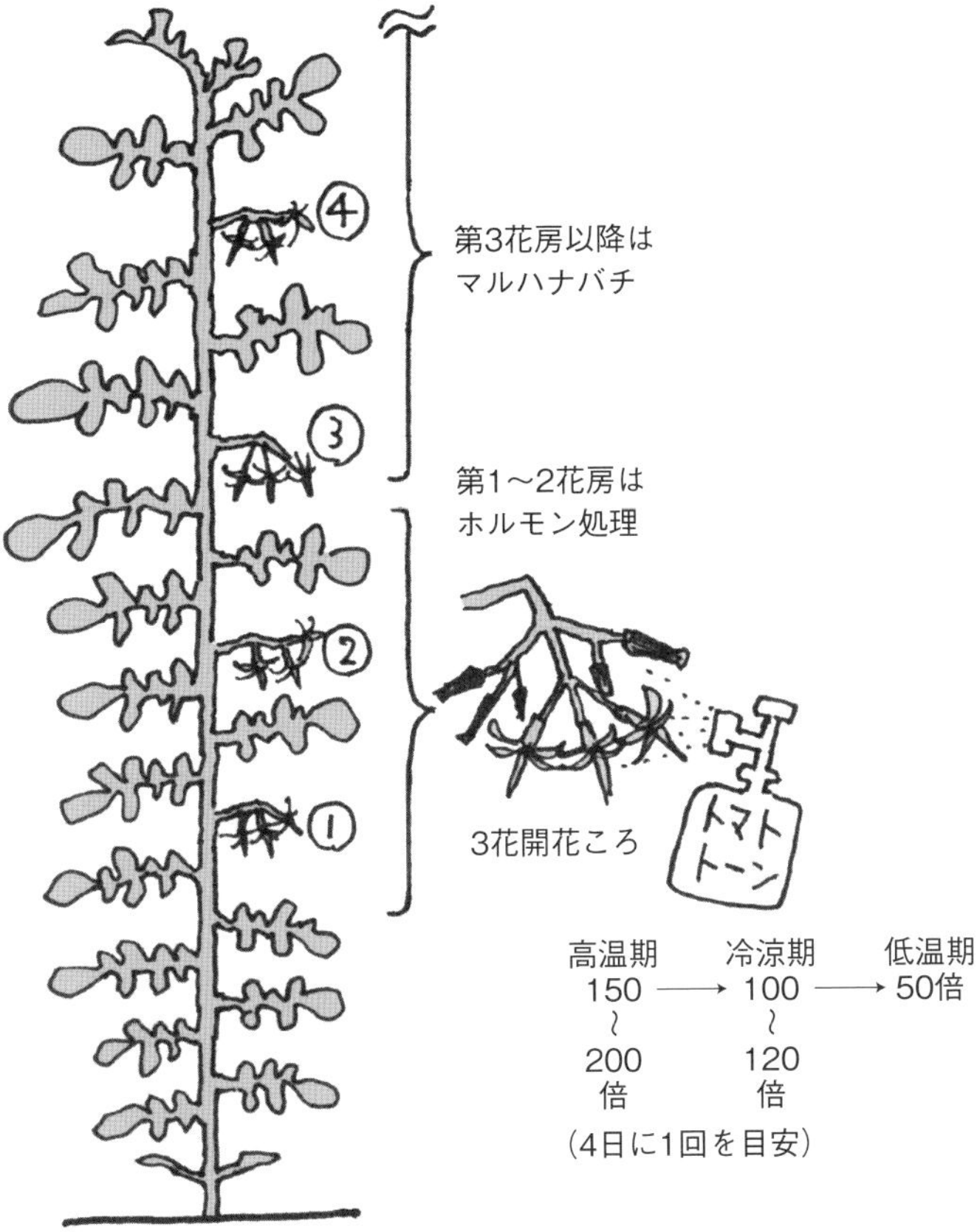

第3花房以降は
マルハナバチ
第1〜2花房は
ホルモン処理
3花開花ころ
トマトトーン
高温期 150〜200倍 → 冷涼期 100〜120倍 → 低温期 50倍
（4日に1回を目安）

図4－14　高温時はホルモン処理

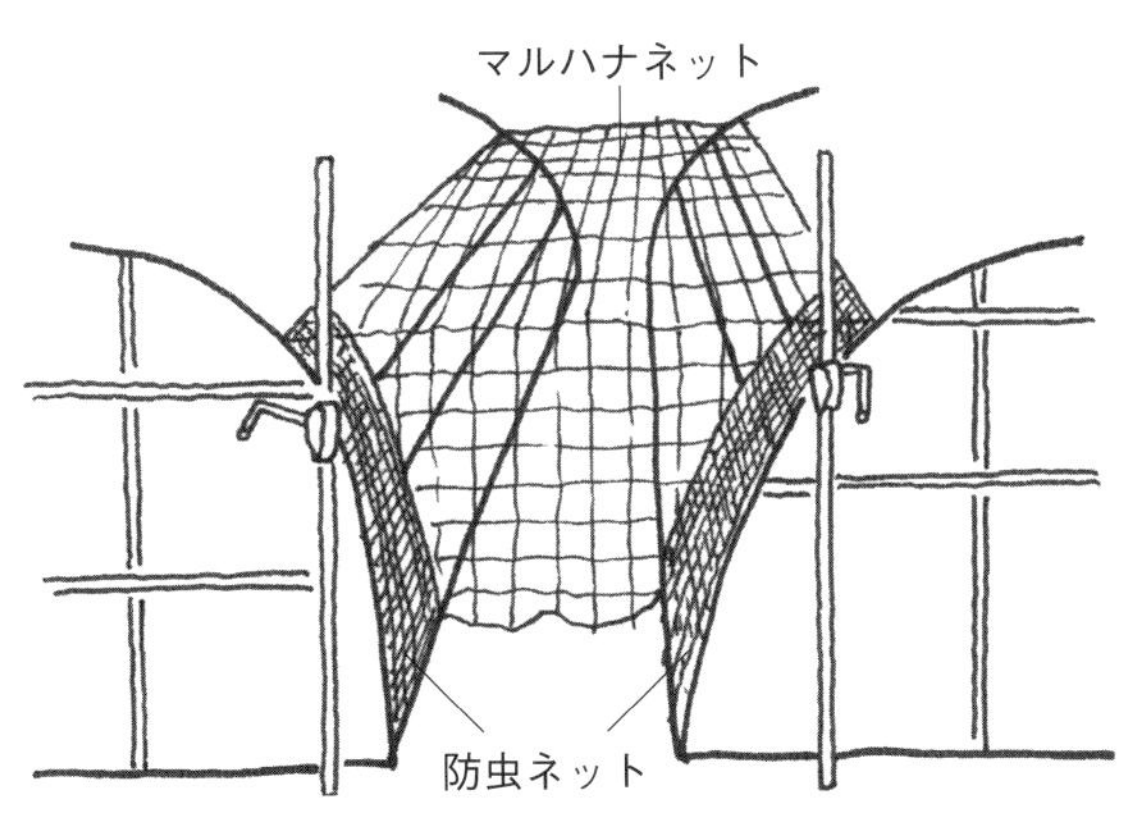

図4－15　ハウス間を自由に移動できるマルハナネット

追肥のタイミングと施用量はどう決める？

緩効性肥料で ゆるやかな肥効に

セル苗はポット苗に比べ、若苗強勢で吸肥力も強くなるので、元肥量はポット苗の二割減（異常茎の出やすい品種は三～四割減）にとどめる。その分、追肥は多めに施していく。

追肥で重要なことは肥効の波をできるだけつくらないことである。異常茎も、奇形・乱形果も体内栄養のバランスの崩れが原因である。体内栄養のバランスや、栄養生長と生殖生長のバランスを定植一カ月ころまでに確立すれば、あとはその状態を追肥とかん水で急激に変化させずに維持していけばよい。だから、追肥の肥効もゆるやかに、あまり急激な変化がないようにもっていくことが大切だ。

一般に追肥は即吸収される速効性の化成肥料に限るといわれてきたが、速効性肥料を施すと肥効に大きな波が生じ、バランスを崩しやすい。肥効をゆるやかにするためには、追肥も緩効性を使うほうがよい。

私はおもに、ボカシ肥といわれる有機発酵肥料の「エスカ有機」（エスカサービス）と緩効性化成のＣＤＵを基本に、早く効かせたいときは緩効性のコーティング肥料に速効性の燐硝安加里を配合した「ダブルパワー」を追肥に使っている。

エスカ有機は、豚糞にケイ酸カルシウム（エスカ粒）を混合して完全発酵させたもの。エスカ粒に肥料成分が浸み込んで、ロング化成と同じくらい長期間効果がある。

かん水と同じく 三段開花が目安

追肥のタイミングは、かん水と同じく三段開花が目安で、草勢が弱ければ二段開花の時点で行なう。草勢が強ければ四段開花でよい。

一回の施肥量はチッソで一〇a当たり三kgくらい施す。液肥の場合はチッソ一kgくらいずつ二～三回に分けて施す。

私はベッドの中央部分のかん水チュ

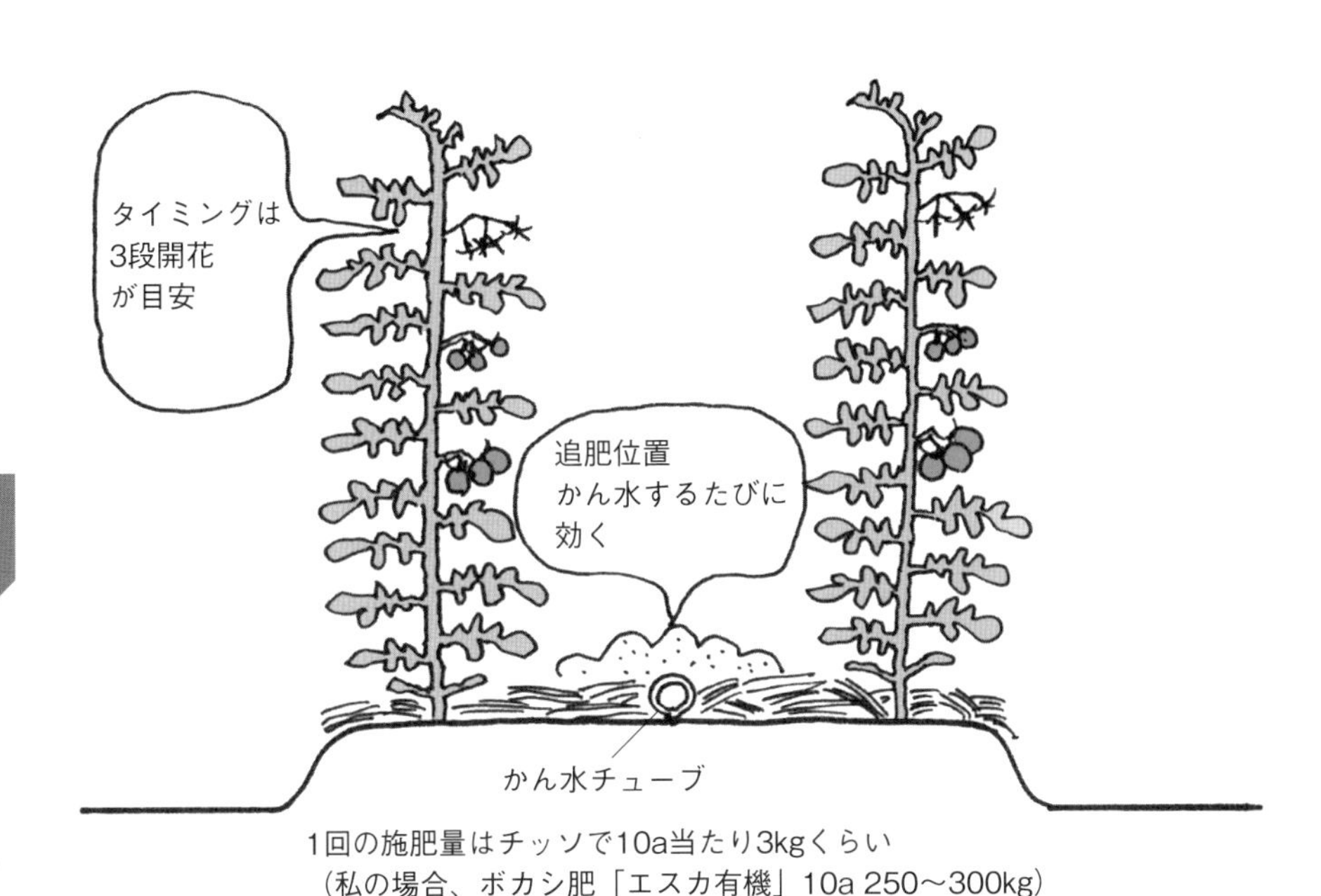

図4－16　肥効の波をつくらない「有機かん水追肥」のやり方

ーブの位置に、ボカシ肥「エスカ有機」一〇a当たり二五〇～三〇〇kg施す。化成肥料もその位置に施す。かん水をするたびに効いてくる。私は、この施肥方法を「有機かん水追肥」と名づけている（図4―16）。

　特別ひどい肥料切れをしていなければ、緩効性化成肥料のCDU「S555」で施す。肥料切れの症状がひどい場合には燐硝安加里「S604」か、速効プラス緩効の「ダブルパワー」で施す（いずれもジェイカムアグリ）。

　三段開花の次は、五段、七段と奇数段で施す。摘芯をしたら施さない。かん水も控える。

　トマトつくりは追肥のタイミングと施用量が決め手である。絶えず生長点の勢い、茎の太さで判断する。異常茎にならない程度の強さで、茎の太さが一・二～一・五cmで同じ太さでいくことが望ましい。

　また、前述したように、水稲の一発肥料と同じく、トマト一発肥料（元肥のみ）の試験を三年ほど試しているが、かなり結果がよい。一〇a当たり一八〇～二〇〇kg程度。しかし圃場によって地力チッソが異なるので注意する。追肥なしで全チッソ七～八割くらいですむ省力、低コストとなる。

ハウスの開閉を能率よくするには？

自分で簡単につくれる巻き上げ装置

露地栽培と異なり、ハウスでは温度管理、湿度管理が必要となる。その植物、トマトの好む環境にコントロールすることが大切である。大型規模のハウスでは自動制御でコントロールできるが、パイプハウスでは人間が温度・湿度を調整する。

私の場合、大型ハウスのほうは自動制御で心配はないが、パイプハウスのほうは人間が温度管理をしなければならない。ハウス内の気温三〇度を目安にサイド換気する。生育過程で多少の変温管理もする。隣に大型ハウスがあるので、その天窓を見て開閉をする。

しかし、いかにして簡単に早くハウスを開閉できるかが作業の能率を大きく変える。私は巻き上げ装置を考案した（図4―17）。

市販のものはいろいろとあるが、農家としたらコストの低い効率のよいものがほしい。私の考案したのはパイプにフィルムを巻き上げて換気する手法で、巻き上げたハンドルの持ち手部分をスライドすることによって巻き戻り防止装置としても働くようになっている。予備換気、ダブル換気によい。近隣ではだいぶ流行している。自分で簡単につくれる。

ハウス内の流滴を防止する工夫

このほかに私は、ハウス内の流滴防止装置も開発した。

フィルムの裏面に付着した結露水がぼた落ちすると、病気の発生の原因となる。これを防ぐ資材も市販されているが、より効果が上がるようにした（図4―18）。

これは特許を取得しており、特許の更新も二回ほど行なっている（特開平6―205613号　本件公開特許）。

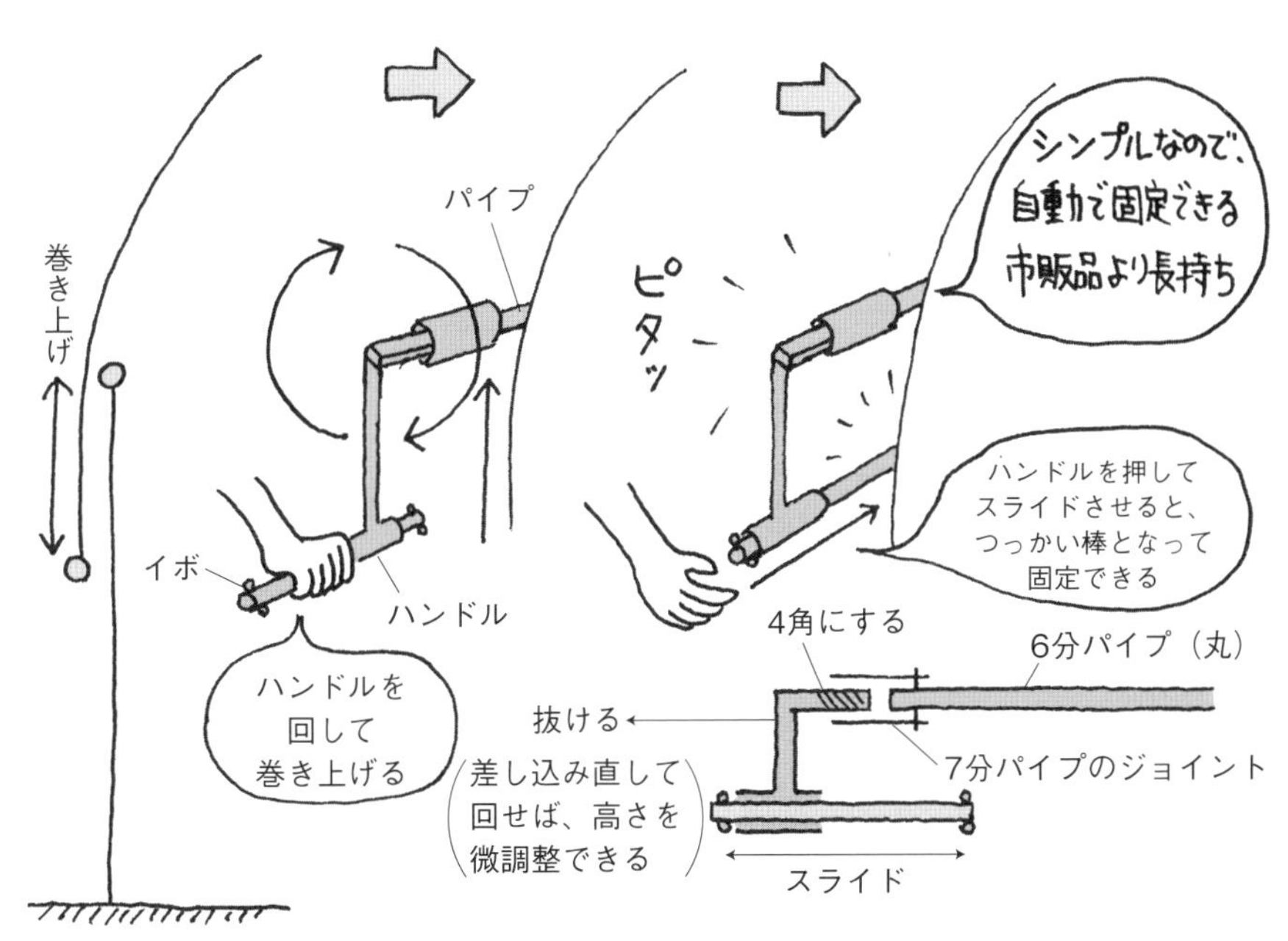

図4－17　考案したフィルム巻き上げ装置

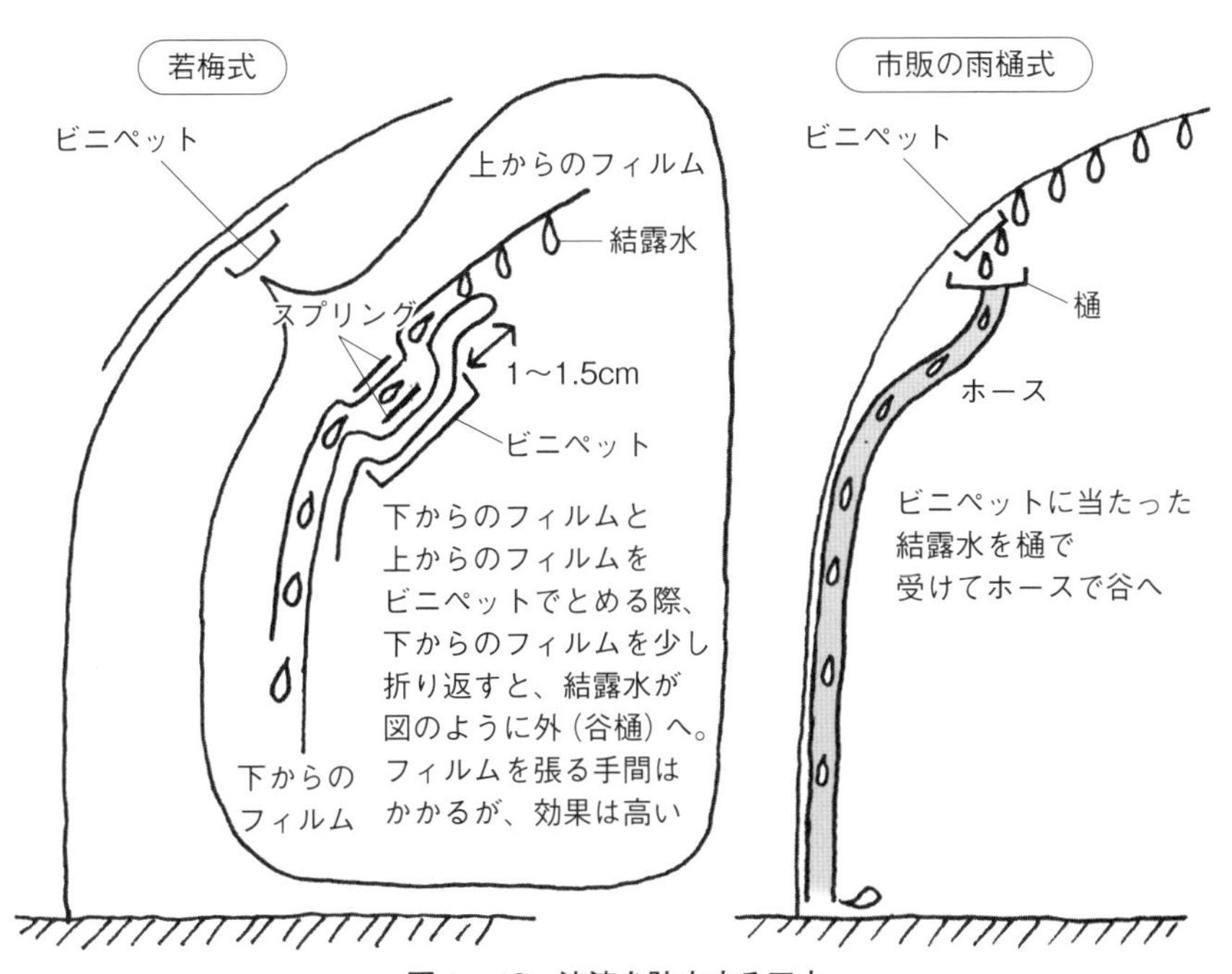

図4－18　流滴を防止する工夫

収穫のコツは？

トマトは早朝から収穫始め

収穫時期は品種によって若干異なるが、ふつう六段開花で収穫始めとなる。

トマトの場合、早朝は果実が乾いているので、収穫は朝早く始めることである。

抑制作型では午前六時半を過ぎるといっせいに露が上がり、果実がぬれてくる。そうなったらいったん休憩する。朝食をとっているあいだに乾いてくるので、再び収穫を始める。果実がぬれていると汚れてしまい、玉拭き作業が大変になる（図4―19）。

当地では前日収穫で、当日出荷。コンテナ出荷で機械選果を導入して二五年になる。八〜九月は一部から二部着色くらいの青いものを出荷しているが、十月ともなると、かなり色を進めて出荷。十一月となると一日おきの出荷。十二月ともなると二日おきとなる。

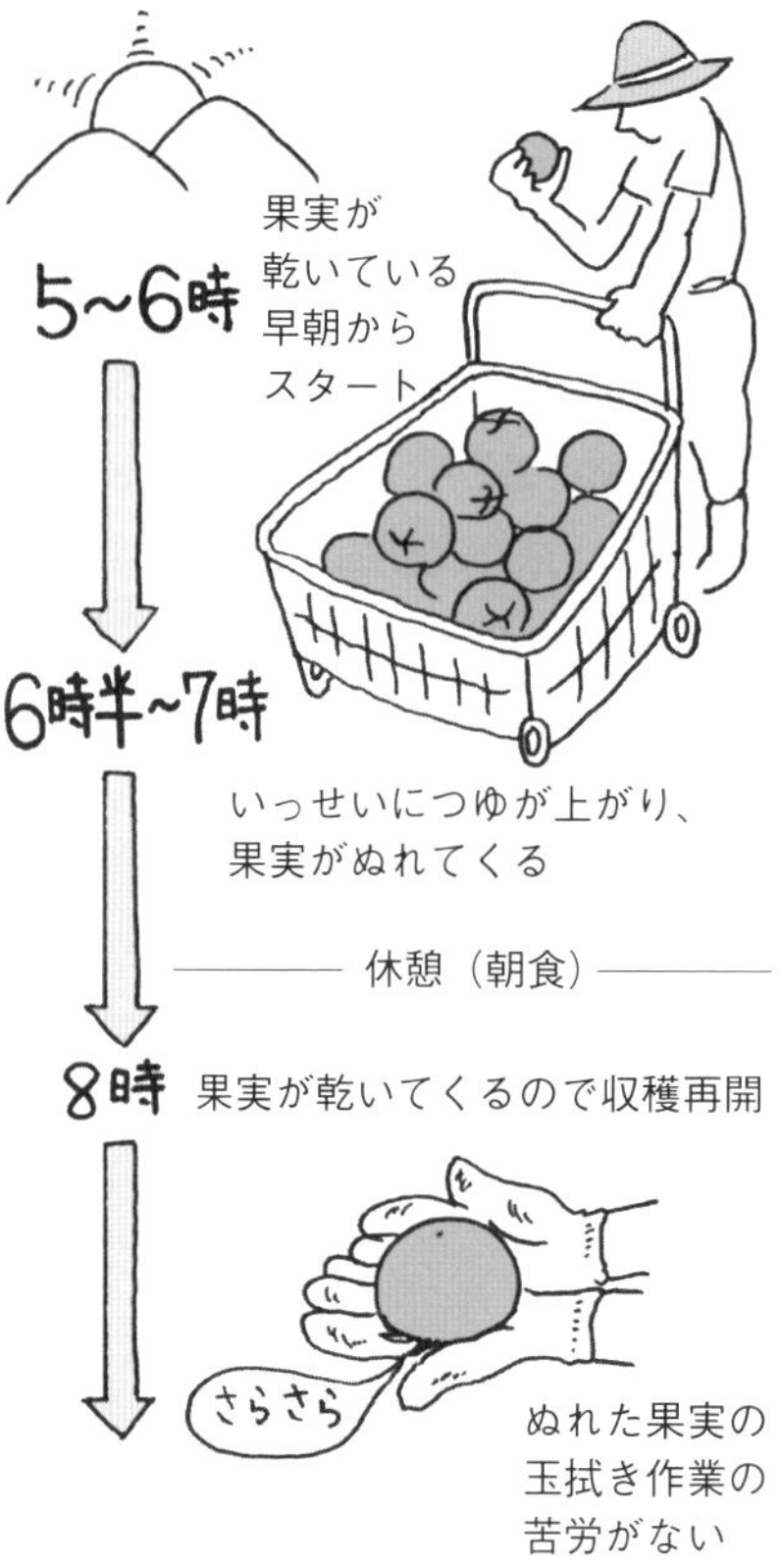

図4―19　収穫のコツ

糖度を上げ、着色をよくするには？

糖度は品種、肥料、水管理で決まる

トマトの品質をよくするには、まず一～二段の草勢を強めにしてM玉中心にもっていくことである。そうすれば、空洞果も裂果も少なくA品率が高くなる。その後の花質もよくなり、上位段の安定着果につながる。

糖度は品種によって差がある。有機質肥料が多かったり、肥大期のリン酸吸収が多かったりすると糖度が上がる。

段数でみると、一般に一段果は五～六度と高くならず、三段以降のほうが七度以上と高くなる。節水栽培で中～後半もつくると、八度くらいまで上がるが、果実が小さくなり、収量面から経済的に採算が合うかどうかが問題である。

着色は品種、草勢、光で決まる

果実が肥大して一定の大きさになると、緑色から白色に変わる。これが白熟期である。着色の進み方は品種によって異なり、果実の頭から着色するものと、全体に着色するものとがある。最近は全体に着色するものが喜ばれている。

草勢が強いほど色がきれいに上がるが、後半にチッソを多く施し、あまり草勢を強くすると、上段の果実がグリーンと赤の混合で茶色を帯び、色上がりが悪い。

トマトは光のかたまりといわれるように、果実への受光がよいほど肥大も進み、果実も硬くなる。受光がよいほど、ガク部のベースグリーンも濃くなり、そこから着色する。しかし前半に光を当てすぎると裂果になりやすい。私はUターン整枝で、前半は果実を葉の陰にして保護し裂果を防ぐ。後半は光線が弱くなってくるので、葉かきをして果実にできるだけ光線を当て、肥大と着色を進めるようにしている。

収穫期間を延ばすには？

ぶっ倒し栽培で二カ月延びる

抑制栽培では作期の後半になると寒くなり、収穫末期では霜が降り、ときには氷が張り、凍霜害を受けてしまう。ふつうはこれで収穫打ち切りである。私は、凍害を受ける前、十一月中旬になると倒して這い栽培とする。保温資材をかけてやると一月上旬まで約二カ月間収穫期間を延ばすことができる。

トマトはもともと匍匐性の作物で、人間の都合で立たせているわけで、それを自然の形にしてやる。

昔は片づけのときに残った青トマトを納屋に持ち込んでワラなどで保温し着色させ出荷した。あるとき、これでは消費者にすまないと思い、着色直前のものを樹につけたままハウス内に這わせてトンネルをかけて保温してみた。そうしたらきれいに着色して出荷することができた。

これを「ぶっ倒し栽培」とちょっと荒っぽい名前をつけたが、一瞬で五〇mものウネごと倒すのでそう名づけた。ぶっ倒すと地温で直接保温されるので、すぐに保温資材をかけなくても凍害にあわなくなる。私の住む地域では、ほとんどの生産者がこのぶっ倒し栽培をして収穫を延長している。

倒してから五〇〇ケース収穫

私は倒してから、一〇a当たり五〇〇ケース（一ケース四kg）を目標としているが、実際は七〇〇ケースくらい収穫できている。

これによって総収量は、一〇a当たり二〇〇〇～二五〇〇ケースくらいとなる。ふつう、抑制栽培の平均は一二五〇～一五〇〇ケースくらいといわれているから、相当の多収が実現できている。

混み合ったら摘葉する、かん水はしない

過繁茂になって病気が発生するのを防ぐため、上のほうの葉を四～五枚残して摘んだあと、アーチ型支柱を抜いて浮かせて倒す。

一本一本ていねいに倒している人もいるが、私は複状Uターン仕立て（90、91ページ参照）なので、支柱をある程度浮かせて、支柱を固定していた針金の一方をはずし、アーチ型支柱を軽く押すと一瞬にして倒れる。

五〇mウネなら一〇秒か一五秒で倒れる。しかし、あまり早いと果実を傷める。逆に、遅い（ゆっくり倒す）と、地面を覆う密度にムラができる。何回か倒すとちょうどよいスピードを会得することができる。支柱の浮かし加減で早さが決まる。五〇mのウネ一列で、トマトが五〜六個落ちる程度である。

何日かすると芽が出てくるので、その後、混み合ったところは摘葉・摘芽する。かん水すると病気が多発するので、ぶっ倒したあとは、かん水は禁物。寒さが厳しくなったら夜間トンネルをかけるか不織布をかける。不織布は日中もそのままでもよい。

倒して五日くらいは着色が進まないが、その後は急に着色が進み、収穫量が増えてくる。光線が十分に当たり温度が確保できるので、品質は一〜二段時のトマトに負けないA級品となり、収量も多くなる。

トマトのぶっ倒し栽培のやり方

写真4－4　過繁茂になって病気が発生するのを防ぐため、上のほうの葉を4～5枚残して摘んだあと、アーチ型支柱を抜いて浮かせる

写真4－5　アーチ型支柱を固定していたパイプの一方をはずす

写真4－6　アーチ型支柱を軽く押すと、トマトの重みで将棋倒しのように倒れていく。上手に倒すと50ｍのウネで樹から落ちるトマトは5～6個程度

写真4－7　ぶっ倒したあとは、かん水は禁物。かん水すると病気が多発する。寒さが厳しくなったら、不織布か夜間トンネルをかける（不織布は日中そのままでもいい）

（このページは赤松富仁撮影）

写真4－8　50ｍのウネのトマトを約10秒で倒す

株の片づけをラクにするには?

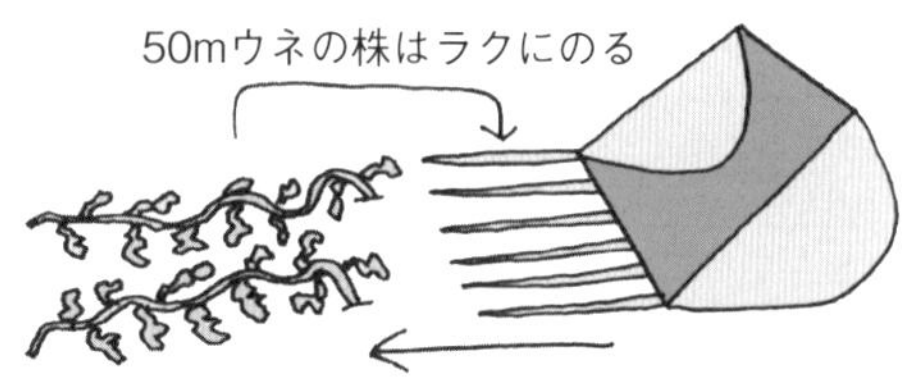

図4－20　トラクタで株を片づける

トラクタで株を抜く

収穫打ち切り後、トマトの株の片付けをするが、株を抜く作業は意外に大変だ。一〇a二〇〇〇本として、二五aで五〇〇〇本。私はトラクタを使って抜く（図4―20）。

後半は這いづくりとなっているので、まずはテープを切り、トラクタのバケットに支柱をのせて片づける。

株の片づけは、トラクタのバケットに補助爪を取り付け（町工場で自作したもの）、五〇mのウネ一列を一回で押して抜き取り、外に取り出す。乾燥させて焼却する。一〇a当たり一～二時間で終了する。

年によっては乾燥するのに日数がかかるので、最近ではあらかじめテープを抜き取っておいて、株だけを取り出して水田の堆肥としている。

第5章

病害虫・障害対策 編

減農薬のコツは？

予防こそが減農薬への近道

あくまでも予防である。発病してからでは遅い。生育時期で発病する病気は決まっているので、その予防薬を的確に散布する。もし発病したら、病気ごとに特効薬があるから、明日とはいわず、その日に散布するくらいにすれば、食い止めることができる。害虫は発生してからでも間に合う。

私の場合、生育の早い時期で一〇日に一度、後期は二〇日から二五日くらいを日安にして薬剤散布しているが、病害虫をまん延させないですんでいる。どんなときに発生しやすいのかをよく観察しておくことも大切である（図5―1）。おもな病気の私の見方と防除法は次のとおり。

▼青枯病
三〇度以下の地温にして防ぐ

根腐萎凋病は地温一〇～二〇度と比較的低温で発生するが、青枯病は地温三〇度以上の高温になると汚染圃場で急激に発生する。

敷ワラを敷いて地温降下をはかることが第一（80ページ）。

また汚染圃場では、作型を少しずらして地温が三〇度以下に下がってから定植をする。高ウネにして排水をよくすることも大切である。

接ぎ木により防ぐことができるが、品質が落ち、収穫が少し遅くなる。最近、抵抗性品種が出現し、かなり発生を食い止めることができる（接ぎ木については44ページ）。

▼かいよう病
地際に傷口をつくらない

一度発生をみると毎年発生するといわれているが、実際はそうでもない。初年度に発生しても次年度以降発生しない例が多い。

地際の土壌水分を下げ、地際に傷口をつくらぬことが防ぐコツ。深植えすると出やすい。特に若苗の軟らかい株元に傷がつくと出やすい。また多湿条件でも出やすい。大きいわき芽を曇雨天にかくと出やすいので、異常茎の心配のない限り、わき芽は早めにかき取る。抵抗性品種もある。

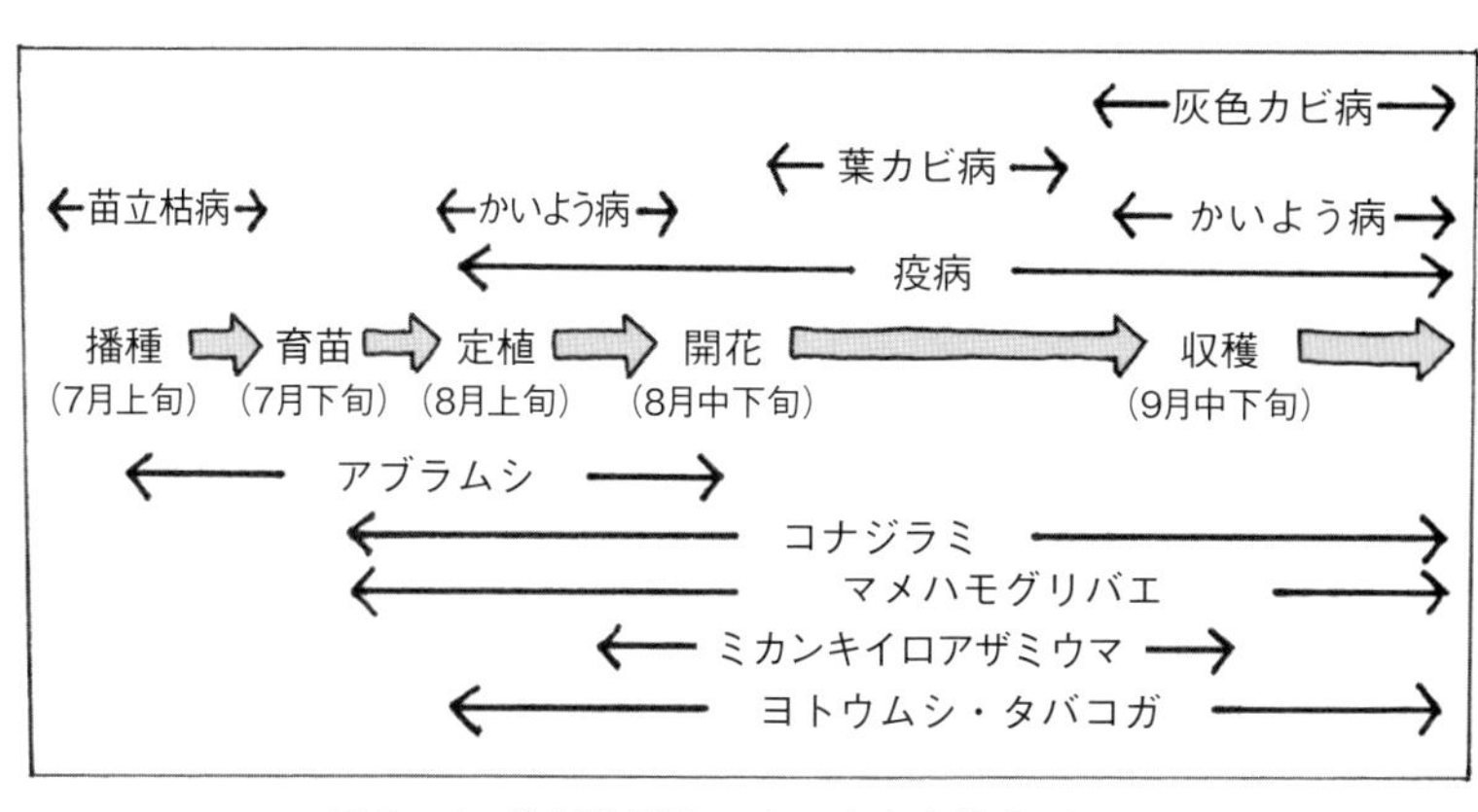

図5－1　抑制作型トマトの病害虫発生パターン

▼葉カビ病
スタミナ切れさせない

葉カビ病は、抵抗性品種でも出ることもあるが、一言でいって、スタミナのない樹に発生するので着果後のスタミナ配分がポイント。三、四段果が不安定な生育で発生が多い。菌のレース（系統）が多いので、いくつかの薬剤を使い分ける。近年は葉カビ病の抵抗性品種（Cf－9）に、すすかび病の発生が増えているが、葉カビ病と同じ薬剤で防除できる。

▼疫病
過湿にしない

トマトの各部位に発生し、果実は未熟のものが冒されやすい。やや低温で葉面が長時間ぬれているような条件下で大発生する。チッソ過多や排水不良などで過湿にならないようにする。

▼灰色カビ病
草勢を保ち、花弁落ちをよくさせる

生育後半、保温期に入ると湿度が高くなり発生してくる。保温期に入る前に予防薬をかける。耐性菌が出やすいので薬剤を使い分ける。

灰色カビ病は死物寄生といって、枯れた花、葉などから発生する。花弁の落ちの悪い品種に発生が多い。Tm－1よりTm－2タイプのほうが花弁の落ちがよく、発生が少ない。また、草勢がよく花に元気があると花弁がよく落ちるので、スタミナ不足にならないよう注意。スタミナ不足で葉枯病が発生するとそこから灰色カビ病も発生しやすい。葉が大きく薄い品種にも発生しやすい。

生理障害は肥料で治る？

根張りや草勢、温度、水分などがからむ

尻腐れ果や裂果などは病気ではないので、薬剤散布しても治らない。肥料の吸収のバランスが崩れて発生するものもあるが、肥料を与えたからといっても治るものでもない。根張りや草勢、温度、水分などがからんで発生する。

私のみた生理障害の原因と対策は次のとおり。

▼尻腐れ果

根を深く広く、養水分変化を少なく

果実のヘタと反対のお尻の部分が黒く腐る障害である。

石灰欠乏が原因とされているが、土

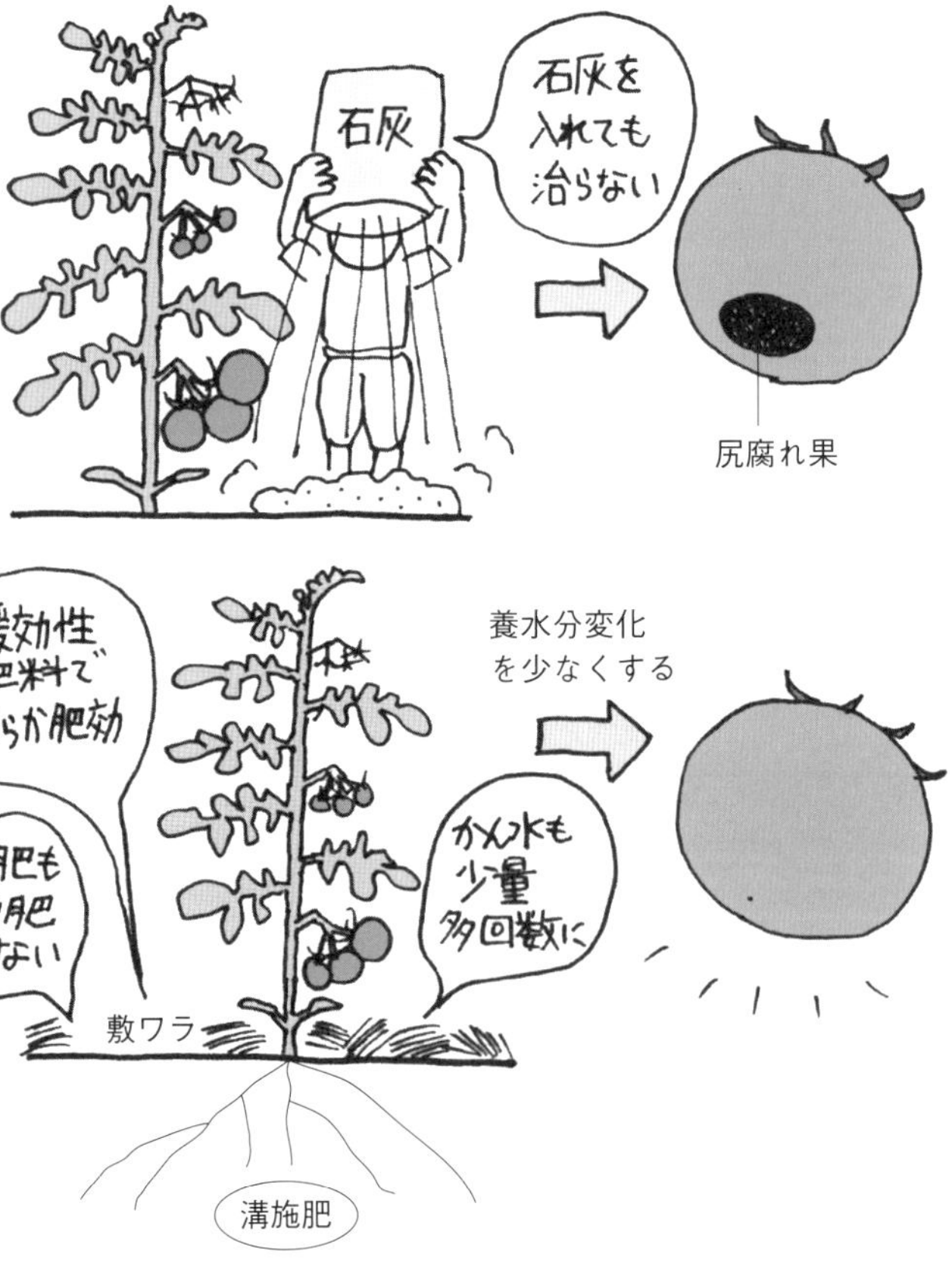

図5－2　尻腐れ対策

壌にあっても吸収されないで発生する場合が多い。チッソ量が多いと石灰は拮抗作用により吸収されない。石灰はカリやマグネシウムとも拮抗作用があるので、ドカ肥を避け、施肥のバランスを保つこと。

また、かん水などで土壌水分の変化が大きいと、移行の遅い石灰は吸収されない。夏場に果実の肥大速度の速い場合なども、石灰吸収がついていけず発生する。異常茎が発生するような強い草勢のときに発生しやすい。

対策としては、まず土壌条件をよくして根を深く広く張らせ、土壌の養水分変化をなるべく少なくすること。深耕、溝施用などで根圏を広くしたり、敷ワラを敷き、追肥もドカ肥は避け、緩効性肥料でなめらかな肥効を保つこと。かん水も少量ずつ回数を多くする（図5—2）。

▼芯腐れ果

根を深く張らせる

果実を割ると、芯の部分が黒くなる。ホウ素などの微量要素欠乏が原因とされているが、やはり尻腐れ果と同様、果実に肥大速度が速いときや多かん水のときに出やすい。過繁茂になる強い草勢の生育に多く発生し、果実は扁平果になるような場合によく発生する。

対策は、尻腐れ果と同様、根を深く張らせ、土壌の養水分のバランスを保つことである。

▼すじ腐れ果

根張りと空中湿度で防ぐ

果実にタテに黒いすじが入る。

黒すじ、茶すじ、白すじ果など、いずれもスタミナ配分の悪いことが原因である。特に根が衰弱し、地上部とのバランスが崩れたときに多発する。土壌の過湿やハウス内の空中湿度が高いときにも発生が多い。また曇雨天が続き、日照量が少なく、湿度の高い北側に多い。この場合はハウス内気温が下がっても、北側を大きく換気し、除湿して、光線を入れてやるようにする。

また、後半気温が下がってくると、金すじと呼ばれるザラザラした玉肌の果実ができる。これを収穫して一両日すると軟化玉となる。いずれも多かん水などで土壌養水分が変化して根が衰弱し、地上部とのバランスが崩れたことが原因である。スタミナ不足になる生育後半の管理に注意する。

▼窓あき果

育苗期、定植初期に低温にしない

果実が奇形となり、窓があいたようになる。

春作などの育苗期から定植初期の低温や、過度の乾燥による花芽の障害が原因とされている。最低気温を一二度以下にしないように管理する。

▼チャック果

育苗期の高温・低温にしない

果実にチャックのような傷ができる。

窓あき果と同様に、花芽のできる時期に過度の乾燥や高温・低温にならないように育苗する。花質が悪く、花びらの落ちの悪いことが原因である。

▼空洞果

日照不足にしない

果実は扁平、大玉で、割るとゼリーの部分が空洞である。

かん水を多くやり、草勢が強すぎたり密植により日照不足になったりした場合に多く発生する。また、草勢が弱すぎるときにも発生する。この場合は、果実が長めで、小玉で三角、四角柱の形で空洞になる。

栽植本数を減らすなどして日照を十分に当て、草勢のバランスをよくし、かん水量も天気に合わせ、過湿、過乾燥にしないこと。果実はあまり大きくないM玉中心の締まった甲高の果実をつけるようにする。

▼裂果

小葉にしない、強日射に当てない

ヘタのところから放射状に割れる放射状裂果と、ヘタを囲むように割れる同心円状裂果がある。放射状裂果は、生殖生長が強めで果実の肥大がよすぎる場合や、葉が小さく光線の強く当たる場合に発生が多い。同心円状裂果は、スタミナ不足で玉質が悪く、老化している場合にも出る。

栽植密度によっても発生度合いが変わる。密植ぎみだと空洞、疎植ぎみだと裂果になりやすい。自分の土壌条件、日照、管理や品種に合った栽植密度とする。

▼葉枯れ症

根を深く張らせ、養水分変化を少なく

おもに先端から四～五枚目のいちばん活動している若葉から発生する。葉の先端から縁が脱水症状のように白く枯れてくる。

曇雨天が続き、急に晴れ上がった日によく出る。生育後半のスタミナ切れのときに大発生する。スタミナ切れや異常茎が発生するような、体内の養分バランスが崩れたときに発生するようだ。近年は、カリ欠乏が原因だともいわれている。

この葉枯れ症で枯れた部分から灰色カビ病が発生する。後半スタミナ切れで、急に多くのかん水、追肥をすると発生を助長する。

対策は、ほかの生理障害と同様、根を深く張らせ、根圏環境の変化を少なくすることが大切。曇雨天が続くときは換気しながら暖房して、養水分の転流をよくすると効果があるという。

写真5－1　トマトの調製。出荷できないトマトを取り除き、コンテナに詰め直す

異常茎を防ぐにはどうすればいい？

異常茎の発生のしかた

異常茎も生理障害の一つである。トマト栽培では異常茎とスタミナ切れを出さないことが技術の根幹である。それゆえに私は、異常茎の対策を探るため、発生のしくみを長年観察してきた。

　異常茎が発生する前段階では、だんだん草勢がついてきて葉色が濃くなり、先端の葉が内側にカールして生長点がくの字に曲がり太くなる（図5―3）。夕方そうなっても朝に回復すればよいが、だんだん葉つゆが少なくなり、朝もカールしたままだと完全に異常茎となる。生長点が止まり、主枝と側枝（わき芽）の区別がつかないようになる。

　生長点が止まると茎が割れ、窓があいたようになる。主枝が枯死するのでそれ以後はわき芽を伸ばすほかないが、異常茎はわき芽のほうに出やすい。結局、それ以後に出るわき芽を利用することになるので、生育が二～三段遅れてしまう。

高温期の抑制・夏秋栽培で多い

異常茎は、栄養生長と生殖生長のバランスが崩れて起こる現象である。では、その原因は水か、肥料か、温度か、いったいどこにあるのだろう？　もしかすると気象、気圧など自然現象が関係しているのかもしれない。特に気温の高い抑制・夏秋栽培の生育スピードが早い作型で多く発生する傾向にある。

　いったん異常茎が発生すると、ひどい場合は生長点がとれてしまったり、軽い場合でも一～二段の花が死んでしまったりして開花着果しない。

台風のあとに多い

私が長年調べた結果、異常茎は台風通過後に発生することが多いようだ。多肥栽培でも少肥栽培でも、多かれ少なかれ発生する。それも生育ステージが四～五段のときは特に多く発生するようだ。このことを二〇年ほど前に書

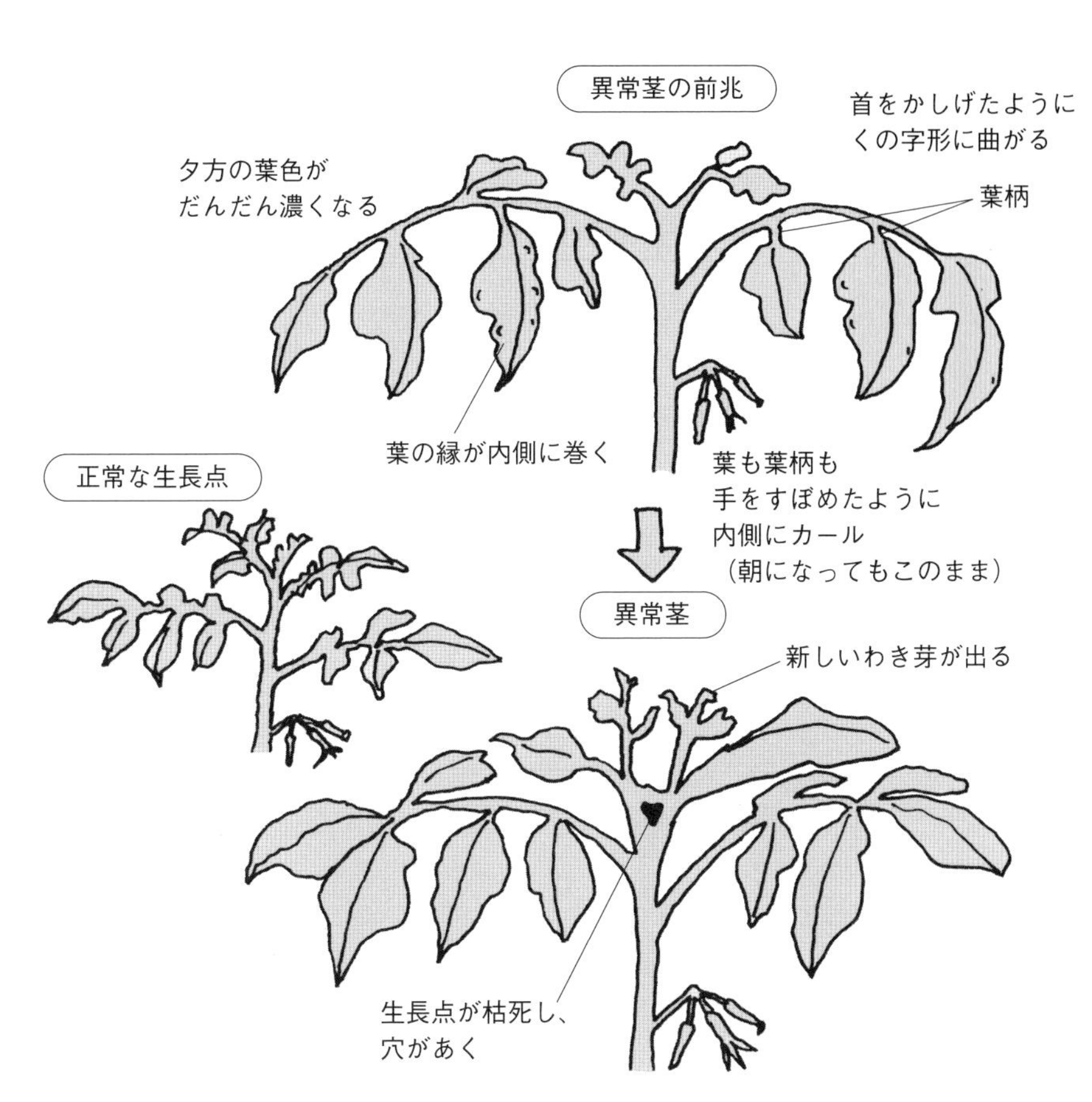

図５－３　異常茎の発生のしかた

いた私の著書の中で発表したら、当時は皆に笑われた。しかし今では当地の指導機関でも「何号台風はさほどでもなかったが、今度の台風通過後には大発生した」と発表している。これは気圧の関係か、また生育ステージがいちばん発生しやすい四～五段に差し掛かっていたからか。メカニズムはわからない。

さらに台風通過時に開花していると、着果も不安定になる。近隣の圃場で聞くと、AさんもBさんも皆、大なり小なり着果が悪いようだ。こうなると、当然出荷量に波ができて、相場の変動が大きくなる。こんなときは、いかにして安定した着果をさせるかがポイントである。

草丈の低い品種で、三～五段開花ころに多い

同じ施肥設計でも、品種によって発

生度合いが異なる。一般的に、節間の詰まった草丈の低い品種ほど多発し、節間が伸びやすい草丈の高い品種のほうが少なくなる。また、吸肥力の強い品種のほうが多く発生するようだ。

生育ステージによっても発生に違いがあり、三〜五段開花にかけて出やすく、六段開花以降には出にくくなる。これは収穫開始直前であり、養水分が果実肥大に回るので生長点に集積されにくいからである。

この時期はまた逆に、スタミナ不足となり、生長点が細くて着果しないことも起こる。

チッソの糞詰まり?

トマトは特に吸肥力が強い作物で、肥料の施用量や施用方法で生育が大きく左右される作物である。なかでも高温期の栽培では、生育スピードが速いので肥培管理が難しくなる。

追肥が遅れたり不足したりすると、スタミナ切れを起こし、着果不良や果実の肥大不足となる。栄養不足から葉カビ病やウドンコ病などが誘発され、加えてセンチュウの発生をも助長する。

反面、過剰の場合は過繁茂となり、光線不足による軟弱徒長や着果不良、品質低下、すじ腐れ果、疫病、灰色カビ病などの発生につながる。そしてさらに異常茎が発生して、先端の生長点の生育が止まってしまう。側枝に切り替えても、草勢が強いままだとすぐまた異常茎になってしまう。特に異常茎は三〜四段目に発生が多く見られ、収量を大きく低下させてしまう。

異常茎の原因を水か肥料か温度かと突き詰めて調査した結果、いちばんは肥料の過剰吸収によるものではないかと考えられた。

施肥方法によっても異なるが、施されたチッソ肥料が多すぎると、一時的に植物体内で飽和状態になってしまい、吸収されたチッソの同化作用が進まない。未消化チッソが転流できず生長点付近に停滞することとなり、動物でいえば糞詰まり現象で、これが異常茎の発生に関与していると思われる。

これらのことから異常茎は、生長点および活動葉の硝酸量が関係していると考えられる。そこで「硝酸態濃度を測ることで、異常茎発生の限界メカニズムがわかるのではないか?」「同一肥料を施しても品種によって吸収度合いが異なるのではないか?」「どのような品種であっても、硝酸量が一定濃度に達すれば異常茎が発生するのではないか?」などの仮説を立てて調査した。

吸収したチッソを同化できれば発生しない？

千葉県農業総合研究センター協力のもと、二〇〇三年、抑制栽培トマト一〇品種の栄養診断を行なった。調査は雨天日を避け、晴天または曇天に約七日間隔で実施し、ピンポン球程度に肥大した果房直下の葉で、小葉柄の汁液を用いて行なった。

その結果、硝酸濃度の推移は、定植の三〇〜四〇日後には各品種とも八八〇〇〜一万一〇〇〇ppmと高く、以後は果実の肥大にともない低下している。もっとも異常茎の心配がある三〜四段開花時では三〇〇〇ppm前後が適正値で、この時期に四〇〇〇ppmを超えると異常茎が発生しやすくなることがわかった。この場合、品種に関係なく四〇〇〇ppmが限界値となっているようだ。

同一施肥であっても異常茎になりやすいのは吸肥力が強い品種であり、四〇〇〇ppm以上に達するのが早くなる。逆に、なりにくい品種は危険域に入るのは遅いが、多肥栽培すると四〇〇〇ppmを超え、異常茎が発生することがわかった。

以上の診断結果から、吸収された肥料（硝酸態チッソ）を同化作用により消化して果実や茎葉にうまく転流できず、三〜四段開花時に硝酸態チッソが停滞すると（四〇〇〇ppm以上に達すると）、異常茎が発生すると考えられた。硝酸態チッソがうまく転流できれば（三〜四段開花時に三〇〇〇ppmで推移すれば）、異常茎は発生しないと考えられた。

異常茎の出やすい品種は吸肥力が強く、逆に出にくい品種では弱いため、対策としてはまず品種選びを行ない、それに合った施肥方法を設計することである。植物はチッソなしでは生育できないため、硝酸態チッソの合理的な施用方法などは一つの課題である。よって、硝酸態チッソとうまくつき合っていくことが大切である。

黄化葉巻病はどう防いだらいいか？

黄化葉巻病とは

近年、トマト黄化葉巻病の発生が一部地域を除き全国的に増えてきて、私たちトマト農家は、その対策に苦慮している。

初期症状は、生長点付近の葉の縁から黄化してきて、葉巻きし、あとから葉脈間も黄化してくる。ひとたび発生させてしまうと、管理作業によって一気にまん延する。

原因は、タバココナジラミによるウイルス媒介によって起きる。イスラエル系とマイルド系の二通りの型があり、各種苗会社から耐病性品種が発表されている。

私が栽培する千葉県では、平成二十二年に大発生して収量半減となり、大問題になった。いっぽう二十三、二十四年は、発生が栽培後半の摘芯後だったので、実質的にはあまり減収とならずにすんだ。しかし発生が一〇日前だったら、二十二年のような大減収になっていた可能性がある。

一説によると、台風が早く来れば早い時期から発生するといわれている。台風によって広範囲に伝染するためか理由は定かではないが、二十三、二十四年度は台風の影響が当地に少なかったことも関係しているのかもしれない。七月中に台風が来ると発生が多いと感じている。

〇・四㎜ネットでタバココナジラミの侵入を防ぐ

当地のタバココナジラミ対策として、ハウス開口部に目合いの細かい〇・四㎜のネットを張っているが、それでも侵入感染することがある。

ネット展張は人にもトマトにもやさしくない

抑制栽培の生育期は夏場で、それでなくても高温だが、日中には四〇～四五度のハウス内で作業している。これでは人間の身体によいわけがない。

それでも人間はハウスの外に出ることができるが、トマト（植物）は移動できずにじっと我慢している。トマト

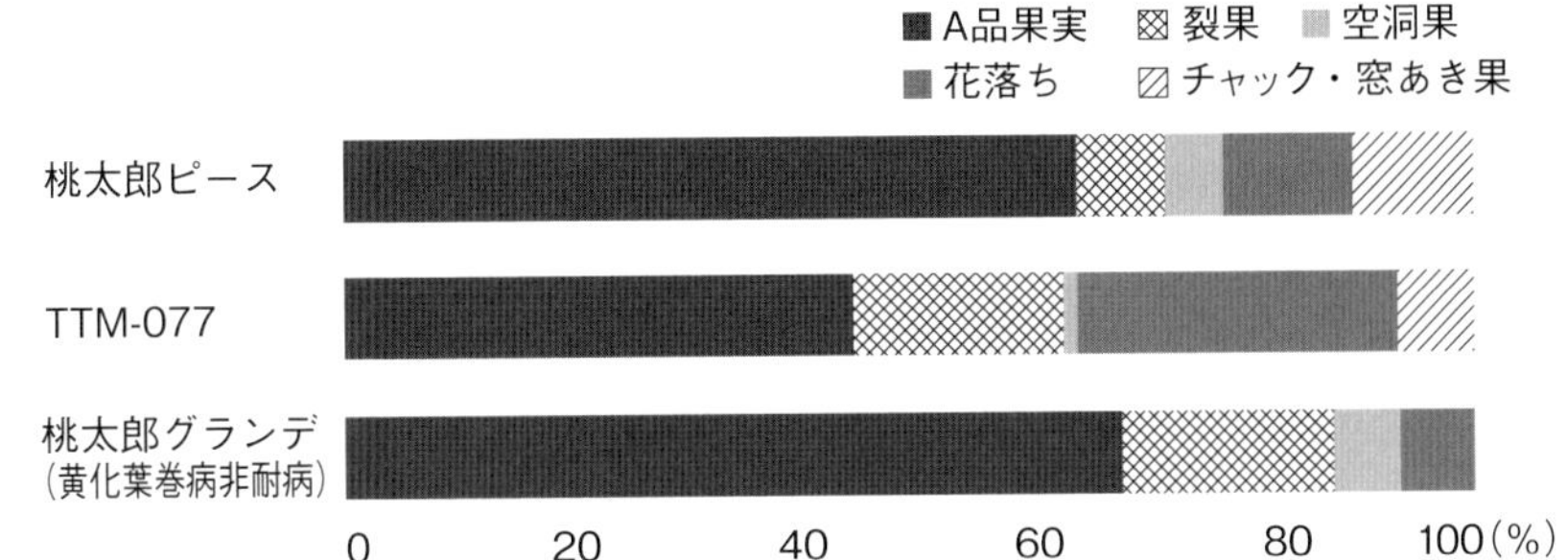

図5－4　トマト黄化葉巻病耐病性品種の比較調査結果の例（平成24年若梅調べ）
収穫果実すべてを100％とした場合の割合。TTM-077は当時の育成品種で、現在販売されていない

にも障害が出るのは当然で、着果不良や裂果などが発生し、収量が激減してしまう。

もう一つ、私が気になっているのが、このネット展張によるハウスの高温を遮光によって下げる方向に向かっていることである。平成二十八年のような日照不足の年は遮光をしたハウスほど、着果・肥大が悪く、病害虫の発生が顕著だった。大きめの目合いのネットと耐病性品種などによって、遮光をしないで温度を下げる方向へ向かうことが健全なトマトつくりだと思う。

自分に合った耐病性品種を見つける

私は四〇年以上、トマトの品種試験を個人的に行なっている。調査方法は、見た目だけでなく、一シーズンを通じて育苗から収穫が終わるまで四五回分程度のデータを記録、表にして、農業事務所、試験場、種苗会社などに送っている。シーズン中一度か二度の調査で優劣をつけるのは不可能である。

その中で、一〇年くらい前から各種苗会社の黄化葉巻病耐病性品種の試作も行なってきた。これまで「これは」と思う品種に出会うことがなかったのが、平成二十三年あたりから実用的な品種が登場してきた。これらの品種は黄化葉巻病耐病性を持たない既存品種と比較しても色合いがよく、食味や糖度も高く、収量も多く、秀品割合も高い結果だった（図5―4）。

いろいろ試しながら自分に合った耐病性品種を見つけて、黄化葉巻病に悩まなくなれば、一～四㎜目合いのネットを張った風通しのよいハウスで、人にもトマトにもやさしいトマトつくりができるはずである。

有望品種の特性

　黄化葉巻病耐病性を持つ有望品種の特性を簡単に紹介しよう。

「桃太郎ピース」　草勢はややおとなしく、節間は短い。果実は二一〇～二二〇gくらい、甲高で花落ち部分は小さく、玉張りがよくてきれいに仕上がる。後半に温度が下がると、ヘタ部分が着色しても花落ち部分の着色が遅れる傾向はあるが一時的で、着色を進ませて収穫すれば問題はない。

　このほか、「TTM－105」（桃太郎ホープ、タキイ種苗）、有彩（朝日工業・武蔵野種苗園）、豊作祈願（トキタ種苗）、風林火山（ナント種苗）、麗旬（サカタのタネ）など、続々と有望品種が登場してきている。

猛暑、ゲリラ豪雨の対策は？

片降り、片照りが増えてきた

近年、地球温暖化の影響から気温が高くなり、特に夏場は猛暑が続き、農作物にも影響することが多い。最近では、ハウスなどの施設で栽培しているのでなおさら大変だ。

昔は〝五風十雨〟といって、五日に一度風が吹き、一〇日に一度雨が降るといわれ、また実際にそのような天気だった。ところが近ごろは、片降り、片照りと偏った天候が増えている。猛暑が何日も続いた後に大雨が続くといった場合は、どういう対策をとればよいのだろうか。

私のハウスでは黄化葉巻病対策で、タバココナジラミ防除に目合いの小さな〇・四㎜のネットを開口部に張っているが、その分暑さは増してしまう。しかし換気部分を多めに広くとる工夫をすると、それだけ温度を低くすることができる。

人工的に温度を下げる工夫では、遮光性のネットやフィルムでハウスを覆ったり、換気扇類を設置したり、こまめなかん水でミスト効果を加える方法などもある。

極端な猛暑でも収量を上げるには

特に平成二十二年の猛暑は、たくさんの農作物に被害が出た。活着不良、着果不良、そして奇形・乱形果や裂果が多くなった。その結果、トマトの収量は極端に少なくなり、価格は暴騰し、農家の所得も大きく落ち込んでしまった。

しかしそんな年でも平年に近い収量を上げている人がいる。収入額は例年の二倍、三倍で笑いが止まらなかった人もいた。どこが違ったのだろうか。結論からいうと、トマト栽培の基本に立ち返ることである。ここまで述べてきた内容と重複するが、その違いを説明しよう。

苗：苗半作といわれているが、猛暑年の収量にも苗のよしあしが関係し、若苗強勢といわれるように抑制栽培では若干若苗で植えることが重要になる。高温着果性に優れる夏型品種（128ページ）を選び、ポット苗ではなく、省力化が図れてトマト本来の力を活かせるダイレクトセル苗（25ページ）のほうがよいと思う。最近の品種は異常茎の発生も少なくなっているので、セル苗を直接定植しても暴れる心配は以前より減っている。

圃場の準備〜定植：圃場は足が沈むくらい十分にかん水して水を地下にたっぷり蓄えておく。地表が乾いてトラクタが入れるくらいになったら耕耘、ウネ立てをし、なるべく早い段階で定植する。

かん水：定植後は初期に葉水程度でしおれ活着させる。その後、二段開花から三段開花始めまではかん水せず、「じっと我慢」して根を深く広く張らせることがポイント。しかし、猛暑で高温乾燥の年には温度を下げ、湿度を維持するかん水が必要となる。肥大期に入り三段開花からは遅れないよう水と肥料を与える。特に玉質の硬い品種などは高温乾燥時に裂果しやすいので、通路を含めてかん水し、空中湿度を上げることが大事だ。

　私はよく研修生などに「高温のときトマトはどうした？」「暑さ対策をしてやったか？」と聞いている。人間が暑ければトマトも暑いはずという思いやりをもって、いつでもトマトの立場になってできるだけの対策を立ててやることが大切である。

豪雨の被害を予防するには

　近年は、天候が崩れて一変し、大雨やゲリラ豪雨が発生することも増えてきた。激しい雨では次のような症状が出て、トマトの生育に影響してしまう。

・活着の悪い株が多くなる。
・開花しても花粉が出ない。ホルモン剤を使っても着果しにくい。
・浸水、湛水して根腐れを起こす。青枯病などが発生しやすい。

　トマトは一段目の着果が悪いと後半までバランスが悪くなり、着果が不安定になる。たとえば二〜三段が着果しない、または四〜五段が着果しないなど、着果数にバラツキが出てしまう。

　ほかにも奇形果が発生することがあり、品種によって多少異なるが、きれいなシングル花房ではなく、ダブル花房が増えてしまう。これはトマトが少しでもたくさん着果させ〝子孫〟を残そうとする現象だ。時には満開になり、花だらけとなってしまうが、こうなると花房を摘花してコントロールしてやっても着果しない。

　予防としては、できるだけ早い活着と、ホルモン処理によって一段目をしっかり着果させることである。さらに、排水対策（52、66ページ）を徹底して講じておくことである。

第6章

品種編

生産者から見たいい品種は？

自ら各社品種の試験栽培

私は四〇年以上にわたり、各社のトマト品種比較試験を行なっている（写真6―1）。

そこでは、播種から収穫終了までの生育状況、草勢、そして収量や品質（等級・階級・糖度・硬度・酸度・糖酸比・食味など）を調査し、それらをすべて数字にして総合的に判断する。

その年の天候によって収量の違いは出てくる。たとえば、今年の天候ではAの品種の収量がよく、Bの品種は能力を出せなかったとしても、翌年はその反対の結果が出ることがある。私は二～三年の数字を見て、その後の栽培品種を決めている。

シーズン中は四〇回くらいの調査を行ない、最後に収穫後の残量まで調べて一〇a当たりの収量をグラフに記録している。地元の指導機関には四〇年来のデータが残っている。

自分の視点で見たいから

なぜそんな調査までするのか？　それは自分の視点で見たいからである。

一般的に研究機関で行なっているコンクールでは、ある一定期間に一～二回の収量調査で優劣をつけてしまう。しかしトマトのように長期間収穫する作物は、その間に品種によって生育に波があり、品質も変動する。品種の特性がそんな簡単にわかるわけはない。よくコンクールで優勝した品種は定着しないというジンクスもある。

私の所属するトマト部会では、ほかの生産者の協力も得て試験品種を栽培し、部会で指定品種として決めていく。過去二～三年のデータをもとに、その品種の特性を把握したうえで栽培指針をつくり、部会員に配布してよりよいトマトつくりに役立てている。

そんな私がみた有望品種の特性を次から紹介する。

写真6－1　いくつもの種苗会社の品種を比較試験している

品種の特性を見抜くには、どこを見る？

このようにタイプが変わっても、栽培の基本は変わりない。その品種の特性をよくつかみ、その品種の特性を生かすことが大事である。

節間の長短で冬型と夏型がわかる

同じ大玉系トマト品種でも、肥大性のよいもの、そうでないもの、着果数の多いもの、少ないもの、節間の長いもの、短いもの、葉の広いもの、すらっと細いものなどいろいろと分かれる。

ブリーダー（育種家）がよくいう言葉のなかに、「冬型タイプ」と「夏型タイプ」というものがある。

一般に「冬型タイプ」といわれる品種は、光線を取り込む目的で節間が長くて草姿が〝ぱらっと〟したタイプが多く、「夏型タイプ」は日中の光線が強い時期なので葉は広く節間が短いようである（図6―1、表6―1）。

節間が短いと暴れやすい

たとえば、同じ桃太郎でも、いろいろある。大葉で節間の短い品種、ぱらっとして節間の長い品種。節間の短い品種は異常茎になりやすく、吸肥性の強いものが多い。それに反して節間の長いものは異常茎になりにくくて、おとなしいタイプである。

桃太郎グランデは節間が長く、冬型タイプと思われるが、現在は全国的に抑制栽培に多く使われている。異常茎になりにくいのは確かである。あまり節間の長さだけで決めず、総合的に自分の好みで決めればよいと思う。

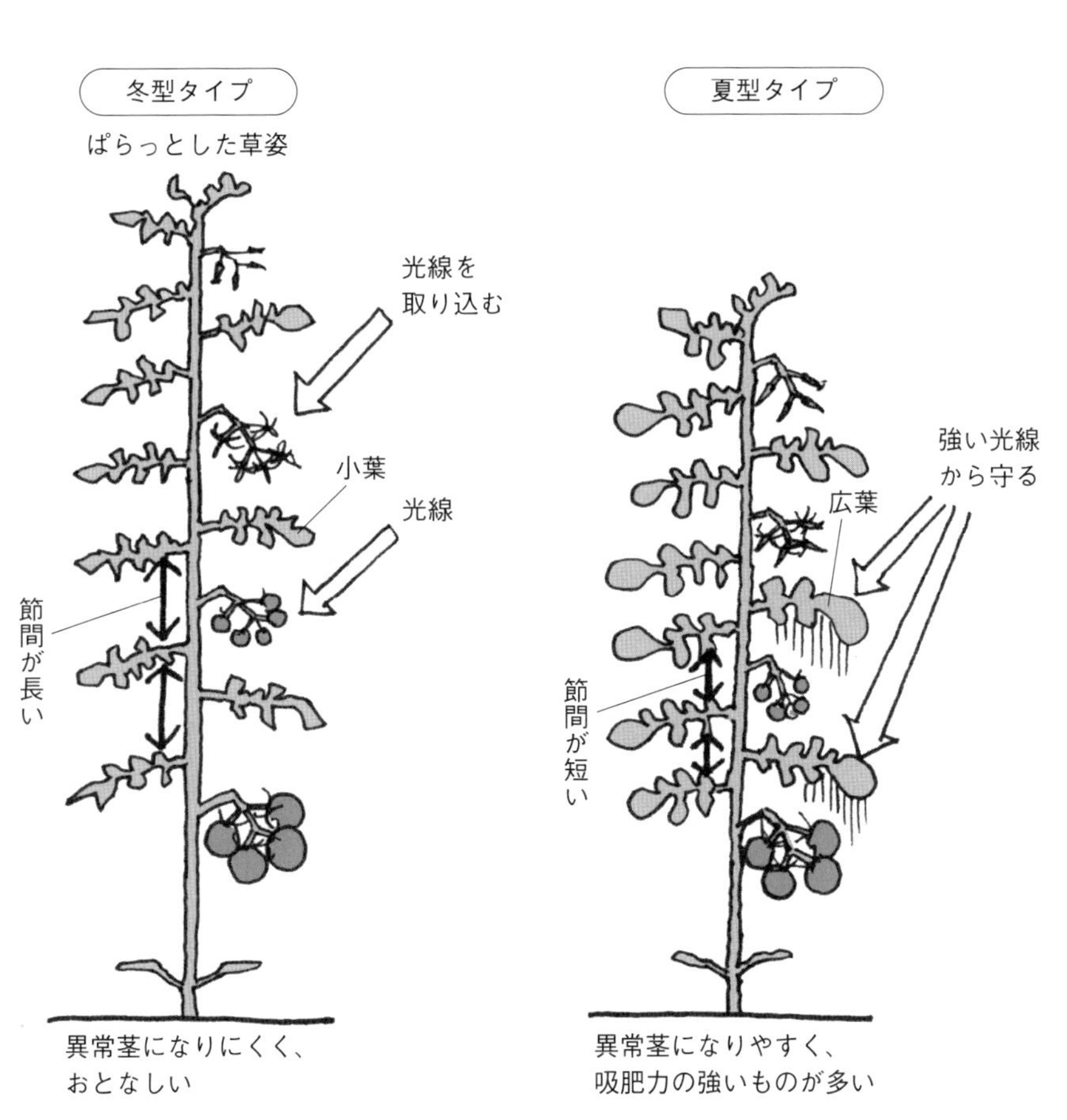

図6−1　冬型タイプと夏型タイプ

表6−1　私のみる夏型タイプと冬型タイプの例

タイプ	品種	種苗メーカー
夏型	桃太郎グランデ CF桃太郎ヨーク りんか409 みそら64	タキイ種苗 〃 サカタのタネ みかど協和
冬型	ハウス桃太郎 CF桃太郎はるか 桃太郎J アニモ	タキイ種苗 〃 〃 朝日工業

※桃太郎グランデは草姿は冬型で異常茎も出にくいが、高温着果性がよく、夏型とされている。たとえば、抑制作型では11月以降気温が下がると着色が進みにくくなるので、栽培時期と面積によって冬型品種を組み合わせるとよい

「桃太郎グランデ」はどんな品種？

葉かび病耐病性が導入のきっかけ

私が所属する千葉県の生産組合では、桃太郎系の栽培が主流で、そのなかでも抑制栽培には「桃太郎グランデ」がもっとも多く作付けされている（写真6—2）。

まだ試作番号だった平成十六年に、私の試験圃場で初めて試作し、それ以来追い続けている品種だ。

この品種は各地でも試作された結果、有望品種だということで平成二十一年に「桃太郎グランデ」のネーミングで市場デビューした。当時は葉カビ病で生産者たちが苦労していたときだ。桃太郎グランデは葉カビ病（Cf－9）の耐病性を持ち、青枯病にもかなり強い耐病性を持っている。

暴れにくく、つくりやすい

桃太郎グランデは、節間が長く異常茎が出にくい品種で、仮に発生しても元祖桃太郎のように芯止まりせず回復が早いようだ。果実の肥大性がよいため、水と肥料の送り方が栽培のポイントだろう。

私の場合は、元肥一発でロング肥料を使っている。ロング肥料は価格が高いといわれているが、現在全国ほとんどの圃場はリン酸、カリ過剰の〝メタボ〟になっているので、チッソが多いタイプのロング肥料なら安い。このほうがチッソの吸収にムラがないので、トマトの生理生態にも合っている。

スタミナのよさを生かすため、絶えず栄養生長ぎみに

大事なのは、桃太郎グランデが持つスタミナのよさを生かすため、絶えず栄養生長ぎみにもっていくことである。そうすれば、樹もしっかりとして葉も厚くなり、桃太郎グランデの欠点である栽培後半の葉枯れを少なくすることができる。

どんな品種でも長所と短所があるので、その長所をいかに伸ばしていくか、短所をカバーしていくかが、トマト栽培の面白味である。

写真6－2　桃太郎グランデ（タキイ種苗）

「CFハウス桃太郎」はどんな品種？

ハウス桃太郎のよさはそのままで、葉カビ病耐病性を備える

古い話だが、元祖桃太郎の栽培で異常茎が出やすくて苦労していたとき、「ハウス桃太郎」の試作を私のところで始めたのが二〇年以上前だったかと思う。当時は通称〝桃太郎二世〟、〝スーパー桃太郎〟といわれたが、草勢がおとなしくて異常茎は出にくく、いまだに作付けが多いようだ。

　このハウス桃太郎のよいところはそのままで、葉カビ病耐病性（Cf－9）を持たせたのが「CFハウス桃太郎」である。葉カビ耐病性がついて若干草勢は強めとなり、スタミナがある。

節間が長く、光線がよく入る

いわゆる冬型タイプで、節間はやや伸び、葉は小さめで肉厚でしっかりして、光線を十分に取り込める。

　果実はあまり大きいほうではなく、形のよいL・M玉中心となる。花痕が特に小さくきれいで、A品率が高い。着果と玉揃いが特によく、熟期は極早生で上段花房への着色の進みが早く、抑制栽培などで他品種が六～七段程度のときに一段くらい多く収穫できる。ハウス桃太郎の欠点といわれていたチャック果も、試作の段階では気にならなかった。

　ある産地では、ハウス桃太郎に葉カビ耐病性がつけば、ほかの品種はいら

（平成23年若梅調べ、草勢・草丈は5段階評価）

10a 総出荷量	草勢（9/19）	草勢（10/31）	草勢（11/3）
1,445	4	4	5
1,488	3	4	5
1,257	2.5	3.5	4
1,154	3	3.5	5
1,296	4	5	5

ないという生産者がいたというほどの品種である。しかし葉カビ病は出にくくても、防除を怠ると、すすかび病や灰色カビ病、疫病などの発生が心配である。下葉かきなどの手入れを今までどおりに行なうことが大切だ。また、育苗中に極端な低温や乾燥にあわせると、チャック果などの発生につながるといわれている。

桃太郎シリーズの新品種

タキイ種苗では、ほかにも葉カビ病耐病性を持つものや、黄化葉巻病耐病性（ＴＹＬＣＶ）を持つ試作品種を続々と発表している。

そこで、私が近年試作した桃太郎シリーズの新品種について簡単に紹介しよう。

「CF桃太郎ヨーク」 今までの桃太郎ヨークよりも草勢がややおとなしく、異常茎の心配が少なくなった。

「CF桃太郎J」 少し草勢は強いようだが、玉肥大は今までどおり大きく、多収となる。

「CF桃太郎はるか」 着果は安定し、玉揃いがよく、奇形果・小玉果が少ないようだ。

「桃太郎プレミアム」（試作品種） 葉カビ病耐病性を持っている。品質、収量ともによい結果で有望品種だと思う。

「TTM－061」（試作品種） 黄化葉巻病耐病性で、私が試作した圃場では、ほかの品種が発病してもこの品種は一株も発症しなかった。加えて草勢バランスがよく、つくりやすいようだ。二〇一〇年は猛暑のせいか、一部の生産者の圃場で一～二段の果実が硬すぎて裂果が見られたが、かん水などを上手に行なうことで防げると思う。

表6－2　トマト品種比較調査結果例〈10a当たりケース数〉

	3L	2L	L	M	S	2S	3S
桃太郎グランデ	72	259	464	330	154	93	73
桃太郎プレミアム	12	146	673	300	174	98	86
CF桃太郎ヨーク	72	270	426	225	122	82	60
CFハウス桃太郎	24	180	294	308	148	98	103
TTM-061	12	158	341	345	206	115	120

※桃太郎プレミアム、TTM-061は当時育成中の品種で、現在市販されていない。

コラム

私のトマト栽培の歴史

祖父がつくっていたピンク系のポンテローザ

食用のトマトは明治の末期から昭和にかけて日本各地でつくられるようになり、徐々に栽培が広まったといわれる。だが、くさくて酸っぱい風味で「西洋の赤ナス」と呼ばれ、あまり食べる人はいなかったようだ。

昭和になって品種改良が進み、日本人好みの品種が登場し、それまでのレッド系からピンク系で大きく味のよいトマト「ポンテローザ」がつくられ、急速に普及していったようだ。私の祖父もつくっていたので、幼いころからなんの抵抗もなく食べていた。

自家採種した市原、前原、揃いのよいはつひ、ひかり

「ポンテローザ」の時代が長く続いたが、私が農業を始めた戦後の千葉県では「市原」とか「前原」という品種をつくっていた。当時は自家採種しており、樹姿がよく果揃いのよかった株に印のリボンを縛り、次年度のタネをとった覚えがある。

その後、千葉農試で早生の「はつひ」、中生の「ひかり」といった一代交配種（F_1種）が発表され、県内で普及し、私も長い間栽培していた。今までの固定種と比べると、どの株を見ても樹姿、果実の着果など揃いがよいのには驚きの一言だった。

当時にビニールなどはなく、油紙の温床で苗を育てて露地栽培していた。雨が降ったり風が強く吹いたりすると大変で、風防やボルドー液の散布をしたが、ある年の七月一日、季節外れに早い台風が来て、棚ごと完全に倒伏し、翌朝畑で呆然としたことが今も記憶に残る。

ハウス栽培で育てた雷電など

次にF_1品種「福寿」「福寿二号」を栽培し、地元の八百屋に卸していたが、県の農業構造改善事業を機に、昭和四十五年にはハウスを設備して現在のようにメロンの後作にトマト栽培を始めた。

二～三年はトマトの整枝が容易な「星交段とび」を栽培した後、長野農試の試作品種を導入し、この品種が有名な「雷電」と命名されて長くつくった。

日本のトマト栽培の歴史

始まりは唐なすび、唐柿

タキイ種苗の加屋隆士氏は『品種改良の日本史』（悠書館刊）の中で、トマト品種の歴史についてこう書いている。

日本のトマトのルーツは、十七世紀ころ、徳川四代将軍家綱時代で狩野探幽は晩年の『写生帖』（一六六八）にトマトを「唐なすび」として描いている。

最古の文献は一七〇九年に書かれた貝原益軒の『大和本草』の「唐柿」。実の大きさは「ホホズキ」よりやや大きいぐらいと紹介されている。しかし当時は観賞用で食用にした形跡はない。

食用となったのは明治以降

明治になって、野菜の品種合計二九〇余りが導入された。その中でトマトは「ジェネラル・グラント」など九品種が第一陣であったが、なかなか普及しなかった。その後、各地で品種改良が進み、食用としてトマトがつくられるようになったと記されている。

そのような時代背景のもと、昭和の初めには一部で交雑育種が行なわれ、F_1化の研究も始まった。品種改良のやり方は導入品種を元にして、その分系後代を系統選抜、その株から自家受粉した種子を採種し、さらに栽培、選抜、採種をくり返し、形質が遺伝的に均一な固定種をつくる仕事である。育苗の担い手は、地方農業試験場、篤農家および民間種苗会社などであった。

当時千葉農試におられた荻原佐太郎氏は、「新星トマトの種子を昭和二十七年に八斗とも七斗とも採り、全国に発送した」と当時のことを語っていた。

千葉県はトマト品種発祥の地

千葉はトマト品種の発祥の地といわれ、「前原」「市原」「はつひ」「ひかり」「津田沼」と数多くの品種を産出している。みかど農試の「星交段飛び」、近年では長野農試の「雷電」、むさし育種農場の「麗玉」などがつくられ、サカタのタネの「おどりこ」、そしてタキイ種苗の「桃太郎」シリーズと返ってきた。

黄化葉巻病などの耐病性品種が出て、明るい見通しができてきた。栄枯盛衰といわれるように、これからもトマトの育種そして栽培の挑戦は続くと思う。

抑制トマト栽培暦（平成27年度）

月	日	天候	おもな作業
6月	22日	晴	播種
	23日	晴	試験品種播種
	26日	晴	発芽始め
	28日	晴	発芽揃い
7月	13日	晴	整地・耕耘
	14日	晴	圃場かん水4.5時間（自宅前ハウス）
	15日	晴曇	圃場かん水4.5時間（自宅脇ハウス）
	16日	小雨	苗手入れ
	18日	晴	定植準備　元肥施肥
	19日	晴	定植（自宅前ハウス）
	20日	曇晴	定植（自宅脇ハウス）
	21日	晴	ワラ敷き　かん水
	22日	晴	かん水
	23日	小雨曇	トレイ・箱洗い
	25日	晴	トマト手入れ　かん水
	26日	晴	支柱立て
	27日	晴	支柱立て
	28日	晴	支柱仕上げ
8月	1日	晴	かん水少量　苗片づけ　大部残る
	6日	晴	かん水少量
	8日	曇晴	トマトトーン処理（2本仕立て分）①
	9日	晴	除草手入れ
	10日	晴	トマトトーン処理②
	12日	曇晴	芽かき　品種ラベル取り付け
	13日	晴	トマトトーン処理③
	15日	晴曇	結束
	16日	晴	トマトトーン処理④
	18日	曇晴	トマト現地検討会
	19日	晴	トマトトーン処理⑤
	21日	晴一時雨	芽かき
	22日	晴	トマトトーン処理⑥
	23日	曇	薬剤散布（ダコニール、マッチ、チェス）
	25日	晴	トマト手入れ
	26日	小雨	トマトトーン処理⑦
	27日	曇	結束
	30日	曇小雨	トマトトーン処理⑧
	31日	曇	試しかん水10分
9月	1日	曇	トマト手入れ　かん水20分
	2日	晴	トマトトーン処理⑨
	5日	晴	追肥（エスカ有機各列2袋）　かん水30分
	6日	晴	トマトトーン処理⑩
	7日	雨	芽かき
	8日	雨	トマト手入れ
	10日	小雨	結束
	11日	晴	トマトトーン処理⑪　かん水50分
	12日	晴	薬剤散布（ランマン、マッチ、トリフミン）

月	日	天候	おもな作業
9月	13日	晴	結束
	15日	晴	トマトトーン処理⑫
	16日	晴	初収穫
	17日	雨	芽かき　出荷
	19日	晴	収穫　トマトトーン処理⑬
	20日	晴	収穫　かん水　出荷
	21日	晴	摘芯（自宅脇ハウス）
	22日	晴	収穫
	23日	晴	摘芯終了　出荷　トマトトーン処理⑭
	24日	曇	収穫　薬剤散布（ペンコゼブ、ベルクート、カスケード）
	25日	雨	出荷　トマトトーン処理⑮
	26日	曇	収穫
	27日	曇	出荷
	28日	晴	収穫
	29日	晴	出荷
	30日	晴	収穫　かん水50分
10月	1日	曇夕方雨	出荷
	2日	雨晴	収穫
	3日	晴	出荷
	4日	晴	収穫　薬剤散布（ダコニール、ベルクート、アファーム）
	5日	晴	出荷
	6日	晴	収穫
	7日	晴	芽かき　出荷
	8日	晴	収穫
	9日	曇晴	芽かき　出荷
	10日	曇	収穫
	11日	小雨	出荷
	12日	晴	収穫　かん水50分　下葉かき上げ
	13日	晴	出荷
	14日	晴	収穫　かん水
	15日	曇晴	出荷
	16日	小雨寒い	収穫　一部摘果
	17日	小雨	出荷　摘果　下葉かき
	18日	晴	収穫　下葉かき　薬剤散布（ペンコゼブ、ロブラール、カスケード）
	19日	晴	出荷
	20日	曇時々晴	収穫
	21日	曇	出荷
	22日	曇	収穫
	23日	曇	下葉かき
	24日	晴	収穫
	25日	晴	出荷　収穫　かん水45分
	26日	晴	収穫　出荷　手入れ　かん水50分
	27日	晴	収穫
	28日	晴	出荷
	29日	曇	収穫　イナワラ結束収納
	30日	曇	出荷
	31日	曇	収穫　薬剤散布（ランマン、ロブラール、スタークル）

月	日	天候	おもな作業
11月	1日	晴	出荷
	2日	小雨	収穫　下葉かき
	3日	大雨晴	出荷
	4日	晴	収穫
	5日	晴	出荷
	6日	晴	収穫
	7日	晴曇	出荷
	8日	雨	収穫
	9日	曇	出荷
	10日	小雨	収穫
	11日	曇一時晴	下葉かき
	12日	曇晴	下葉かき
	13日	曇	収穫
	14日	小雨	出荷
	15日	曇一時晴	収穫
	16日	晴	出荷　収穫
	17日	晴曇	出荷
	18日	曇雨	収穫
	19日	晴曇	出荷　下葉かき
	20日	小雨	収穫
	21日	晴	葉かき　薬剤散布（オーソサイド、ベストガード、マッチ）
	22日	曇	収穫　育苗ハウス片づけ
	23日	小雨	出荷
	24日	曇	収穫
	25日	曇雨	出荷　育苗ハウス耕耘
	26日	雨曇	収穫
	27日	晴	下葉かき　出荷
	28日	晴	収穫　育苗ハウス消毒（ソイリーン30ℓ/10a）
	29日	晴	出荷　収穫
	30日	晴	ぶっ倒し準備
12月	1日	晴	収穫
	2日	曇小雨	出荷　堆肥依頼
	4日	晴強風	収穫　ぶっ倒し一部倒す
	5日	晴	出荷
	6日	晴	トマト手入れ
	7日	曇	芽かき
	8日	曇	収穫
	9日	晴	出荷
	11日	雨嵐	ハウス除草途中で中止
	12日	晴	収穫
	13日	曇	出荷
	14日	小雨曇	収穫
	17日	晴曇	収穫
	18日	晴	桃太郎ピース倒す
	20日	晴	収穫
	21日	曇	出荷
	24日	曇	収穫

月	日	天候	おもな作業
12月	25日	晴曇	片づけ（自宅脇ハウスから）
	29日	晴	コンテナをセンターから運ぶ　一部支柱片づけ
1月	2日	晴曇	片づけ
	3日	晴	片づけ
	4日	晴	片づけ　耕耘
	5日	晴	次作メロンのためのハウスかん水（自宅前ハウス5.5時間、脇ハウス3.5時間）
	8日	晴	ハウスかん水追加各30分
	13日	晴	育苗ハウスガス抜き耕耘
	16日	晴	ハウス土壌消毒（ソイリーン30ℓ/10a）

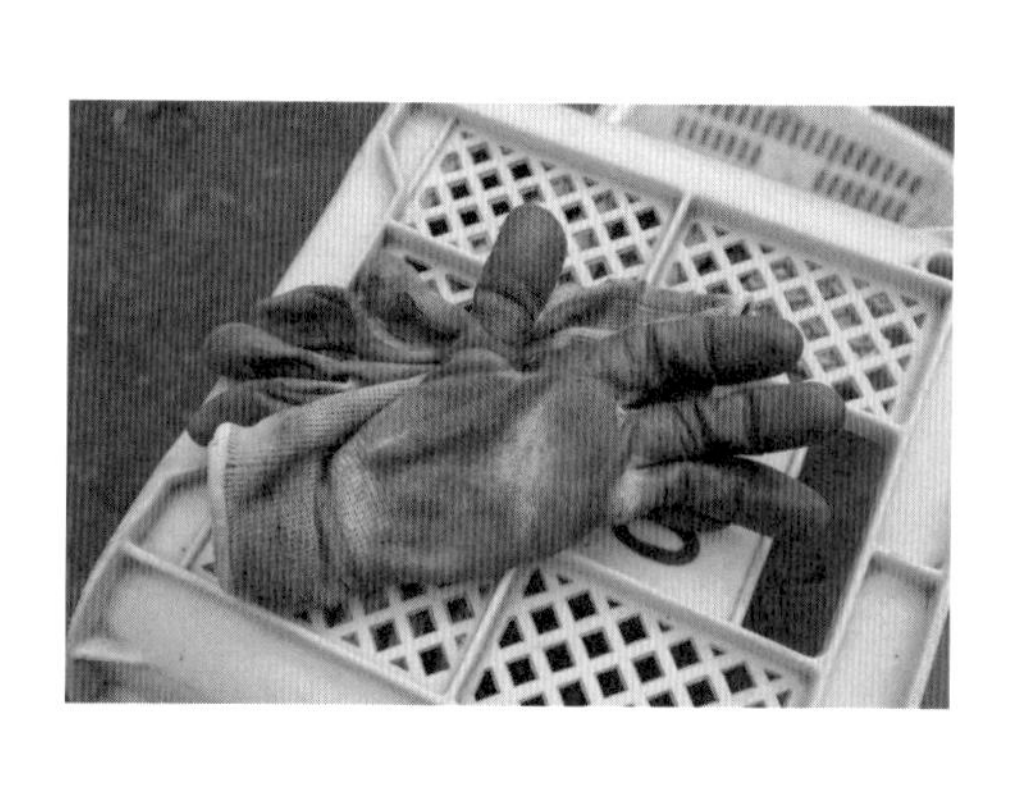

あとがき

拙著『トマト　ダイレクトセル苗でつくりこなす』のときにも書いたが、私は農業を始めるときに、三つの目標（信念）を立てた。

一、おのれの職業を道楽と思え（自分が好きでやっていると思えば、どんな仕事も苦にならない）

二、毎日記録を付けること

三、絶えず新しいことに挑戦すること（農業も日進月歩であるので、遅れないように新しい技術に挑む）

二の記録について補足すると、記憶より記録。記憶は年月がたてば忘れてしまうが、記録してあれば残る。

私は日記に記す際、事象の発生時点に記すことはもちろんであるが、その原因となる時点にさかのぼって記すようにしている。「いつ、何々が原因で何日後に発生」と日記に赤ペンで記す。日記は二年連記で見開きなので、ページを開ければ前年の作業、そしてミスがすぐわかる。歳を重ねるにしたがい、赤ペンの数が減ってくる。「同じミスは二度とくり返さない」が私の鉄則である。

農業日記のほかに普通の日記も付け、毎日二通りの日記を付けている。七一年間の当地の天候はすぐわかるように保存してある。

昭和二十一年にトマトをつくり始めて七一年が過ぎた。一度も休んだことはない現役である。私の人生はトマトとともに、である。

著者略歴

若梅 健司（わかうめ けんじ）

昭和4年、千葉県横芝光町生まれ。祖父の代からトマトをつくり始め、自身も昭和21年からトマトを栽培。昭和45年にパイプハウスでメロン―トマトの作型を導入。元千葉県農業大学校講師、千葉県指導農業士。農水省認定農業技術の匠。

著書『トマト　桃太郎をつくりこなす』（農文協）
　　『ハウスメロンをつくりこなす』（農文協）
　　『トマト　ダイレクトセル苗でつくりこなす』（農文協）

図解でよくわかる
トマトつくり極意
作業の基本とコツ

2017年2月15日　第1刷発行
2021年6月15日　第4刷発行

著者　若梅 健司

発行所　一般社団法人　農山漁村文化協会
〒107-8668　東京都港区赤坂7丁目6－1
電話　03(3585)1142（営業）　03(3585)1147（編集）
FAX　03(3585)3668　　振替　00120-3-144478
URL　http://www.ruralnet.or.jp/

ISBN978-4-540-16153-7　　DTP製作／㈱農文協プロダクション
〈検印廃止〉　　印刷／㈱東京印書館
　　製本／根本製本㈱

定価はカバーに表示
乱丁・落丁本はお取り替えいたします。

農文協の農業書

トマトの長期多段どり栽培
生育診断と温度・環境制御

吉田　剛著　Ａ５判１８０頁　２２００円＋税

トマトのハウス栽培のなかでも大きく稼げるのが長期多段どり栽培。長期戦を勝ち取る舵取りのコツは生育の診断とコントロール。生育コントロールは肥料でなく、24時間平均温度管理や昼夜の日較差などの環境制御で行なう。

トマトの作業便利帳
失敗しない作業の段取りと手順

白木己歳著　Ｂ５判１３２頁　２０００円＋税

安定多収のポイントは定植から第1果の径が3㎝になるまでの草勢管理。これを軸に、栽培計画、土壌消毒、ホルモン処理、施肥、誘引、摘心、摘葉、病害虫防除、苗つくりなど中心に作業のコツのコツをきめ細かく解説。

最新　夏秋トマト・ミニトマト栽培マニュアル
だれでもできる生育の見方・つくり方

後藤敏美著　Ａ４判１６８頁　２８００円＋税

葉色、草姿、芯の動静、果実形状、障害など、トマトのいま・このときの生育を読み解く診断ポイントを豊富な写真とイラストで解説。むずかしい追肥、かん水管理、ホルモン処理などを的確に導く。好評既刊を全面改訂。

トマト　オランダの多収技術と理論
１００トンどりの秘密

エペ・フゥーヴェリンク著／中野明正、池田英男監訳
Ａ５判３５４頁　３０００円＋税

植物生理に基づいた綿密な環境制御による高収量栽培技術と理論。光の1％理論や飽差などキーになる用語に注釈をつけた。閉鎖型温室、生長点加温など原著発刊以降の研究もフォロー。

ハウスの環境制御ガイドブック
光合成を高めればもっととれる

斉藤章著　Ａ５判１２０頁　１８００円＋税

世界の施設園芸をリードするオランダの最新技術を日本の農家向けに噛み砕いて解説。オランダの超多収技術を支える環境制御技術の増収のしくみとそのやり方がわかる。環境計測機器と関連メーカー一覧付き。

（価格は改定になることがあります）

農文協の農業書

基礎からわかる！
野菜の作型と品種生態
山川邦夫著　Ａ４判96頁　２２００円＋税

その作物・品種の生態を知り、地域の気候条件と会話をすれば無理せずつくれ、また作期を伸ばしたり早めたりの、自分なりの作型デザインも始められる！　作物栽培の可能性を広げ、実践していくための作型利用ガイド。

有機野菜ビックリ教室
米ヌカ・育苗・マルチを使いこなす
東山広幸著　Ａ５判１６８頁　１６００円＋税

誰でもできる野菜42種の有機栽培術。どんな野菜でも育苗し、身近にある米ヌカやマルチを使う。雑草を抑える「大苗＋穴あきマルチ植え」、雑草も病気も出にくくなる「米ヌカ予肥」などのワザ満載。豊富な図で解説。

桐島畑の絶品野菜づくり１
基本技術と果菜類・豆類の育て方
桐島正一著　Ｂ５判１３６頁　１２００円＋税

自然に育った野菜はしっかりしたタネが採れ、病害虫に強く、栄養価も高く美味。「野菜に素直に寄り添い、自然が持っている力を引き出し、人間はほんの少し手助けしてやるだけ」の有機・無農薬の絶品野菜づくりを伝授。

桐島畑の絶品野菜づくり２
葉茎菜類・根菜類の育て方
桐島正一著　Ｂ５判１４４頁　１５００円＋税

著者は高知県の山間部で二五年あまり野菜づくりをしてきた農家。大事にしているのが、追肥のタイミングにつながる野菜の見方。野菜の色や大きさだけでなく、畑の条件、天気、野菜の個性などを把握してつかんだ見方が野菜の種類ごとにわかる。

青木流　野菜のシンプル栽培
ムダを省いて手取りが増える
青木恒男著　Ａ５判１４０頁　１５００円＋税

元肥も耕耘も堆肥も農薬もハウスの暖房も出荷規格も不要。所得10倍のブロッコリー・カリフラワー、7倍のキャベツ・ハクサイ、2倍のスイートコーンなど、小さな経営で手取りを増やす着眼点、発想転換で稼ぐ野菜作。

農文協の農業書

ネギの安定多収栽培
秋冬・夏秋・春・初夏どりから葉ネギ、短葉ネギまで
松本美枝子著　A5判148頁　1800円+税

これから始める人でもイメージしやすいよう、わかりやすい言葉で解説。湿害対策の捨て溝掘りや、軟白と高温対策を兼ねた土寄せのタイミングなどの作業を詳述。また、葉ネギや短葉ネギなどの関心が高いタイプも網羅。

タマネギの作業便利帳
光合成を高めればもっととれる
大西忠男／田中静幸著　A5判128頁　1700円+税

台所の常備野菜であり、かつ加工・業務用でも人気のタマネギ、その栽培の基本と失敗しない勘どころを紹介。秋に新タマネギが味わえるオニオンセット栽培や減農薬効果が高い寒地秋まき栽培、また直播や有機栽培なども。

アスパラガスの作業便利帳
株づくりと長期多収のポイント
元木悟著　A5判160頁　1900円+税

春どり~夏秋どりまで長期連続収穫の新しい生育像を明らかにしながら、減肥でも多収できる道筋をわかりやすく解説。活性炭を使った改植の工夫や、紫、ホワイト、グリーン三色アスパラガスの販売提案も。

農家が教える　マルチ&トンネル
張り方・使い方のコツと裏ワザ
農文協編　B5判144頁　1800円+税

農業に欠かせないマルチ・トンネル資材の基本から、ラクな設置・片付け方法や効果的な使い方のコツまで。マルチに代用できる有機物資材や機能性を備えた被覆素材も紹介。巻末に資材一覧が付く。

農家が教える　ハウス・温室　無敵のメンテ術
簡単補強、省エネ・経費減らし
農文協編　B5判160頁　1500円+税

近年、異常気象による暴風・大雪でハウスが潰れる被害が頻発している。本書は、だれでもかんたんにできるハウスの補強や補修、省エネ術や経費減らしの工夫を収録。

(価格は改定になることがあります)